KB197869

김윤선

90년대 후반 ㈜룸앤데코에서 〈전망좋은방〉 브랜드의 리빙 제품 디자이너로 첫 사회생활을 시작하여 〈JAJU〉〈메종르베이지〉 등 리빙 브랜드 론칭에 참여하며 리빙 업계에서 경력을 쌓았다. 주거 공간과 모델하우스의 공간디자인 및 스타일링 일을 하면서 상업 공간의 인테리어 디자인 기획까지 그 영역을 확장해 왔다.

현재 공간디자인컨셉터로 활동 중이며 브랜딩디자인을 포함한 상업 공간 디자인과 주거 공간의 인테리어 디자인 일을 하고 있다.

현 〈리빙앤디자인〉 공간디자인기획, 디자인컨셉터

현 ㈜글로우 디자인기획이사

전 ㈜제닉 마케팅본부 디자인기획이사

전 ㈜제일모직 〈메종르베이지〉 디자인실장

전 ㈜신세계인터내셔날 라이프스타일사업부 디자인R&D팀 팀장

전 ㈜스타일까사 인테리어사업부 디자인실장

전 ㈜룸앤데코 〈전망좋은방〉〈텔레그래프홈〉 디자인팀장

나를 위한 집

나를 위한 집

1판 1쇄 펴냄 2024년 11월 15일
디자인 박민수
제작 세걸음

펴낸이 박진희
펴낸곳 ㈜파롤앤
출판등록 2020년 9월 10일 (제2020-000195호)
주소 서울시 서초구 서초대로 396, 217호
이메일 parolen307@parolen.co.kr

ISBN 979.11.986524.6.1 (03590)

나를 위한 집

아름답고 편안한 나를 위한 공간

글·그림 김윤선

파롤앤

프롤로그

20년 넘게 공간디자인, 홈스타일링, 리빙디자인 컨설팅 일을 해오면서 경험을 통해 얻은 '직감'을 전문가가 아닌 주변의 보통 사람들과 나누고 싶었다. 특히 집이라는 공간에 대한 특별한 애정과 관심이 나 혼자만의 관심사가 아님을 알게 되었고 주변의 많은 사람들에게서 집에 대한 생각과 다양한 고민거리를 들으면서 이런 생각들을 더 많은 사람들과 함께 이야기하고 싶어졌다.

우리는 모두 아름다운 집에 살고 싶다는 꿈이 있다. 비록 지금은 아직 꿈꾸던 집에 살아 본 적도 없고, 또 언제쯤 그런 집에 살 수 있을지도 모르지만 언젠가는 내 취향대로 아름답게 꾸며진 내 스타일의 집에서 멋지게 살고 싶다는 소망을 가지고 산다. 물론 이런 막연한 소망은 바쁜 일상의 삶에 치이다 보면 번번이 그저 생각만 하다가 끝나 버리기도 하지만.

살림살이나 '집 꾸미기' '좋은 가구 고르기' 같은 것들은 누가 가르쳐 주는 것도 아니고 학교나 학원에서 배운 적도 없다. 기껏해야 TV 드라마에 나오는 소위 '부자들의 집'이나 예능 프로그램에서 보여 주는 '연예인의 집' 정도가 다른 사람의 집을 들여다보고 간접으로 경험해 보는 유일한 기회일 뿐이다.

그래도 요즘은 예전에 비하면 SNS나 각종 미디어를 통해 마음만 먹으면 수많은 정보를 쉽게 얻을 수 있게 되었으며 멋진 인테리어나 수납의 비법, 미니멀한 라이프스타일 등에 대한 아이디어들도 넘쳐난다. 그럼에도 불구하고 다른 사람들이 어떤 살림살이를 쓰고 사는지, 어디서 어떤 가구를 사서 어떻게 장식해야 하는지 같은 방법이나 요령보다 우리가 더 먼저 깨달아야 하는 것은 집에 대한 '나의 취향과 기준'이다.

그래서 나는 '주거' 관련 프로젝트가 생기면 집주인의 취향과 사소한 습관들, 라이프스타일을 파악하는 데 많은 시간을 할애한다. 집주인의 주거 공간에서 발견한 크고 작은 삶의 철학과 스타일이 있어야 감동을 주는 창의적이고 훌륭한 디자인이 나올 수 있다. 그 공간을 사는 사람이 추구하는 가치와 삶의 태도들이 사소하지만 가장 중요한 단서가 되어 매력적이고 행복한 공간을 만들어 낼 수 있기 때문이다.

이제는 세상을 떠난 럭셔리의 대명사, 패션계의 큰 별인 샤넬의 칼 라거펠트는 "자기 자신에게 가장 어울리는 삶을 살아라. 그것이야말로 궁극적인 럭셔리다."라고 말했다. 우리가 언제나 꿈꾸는 아름다운 집에 살기 위한 라이프스타일은 어떤 정답이 있는 것도 아니고 짧은 단어로 정의할 수 있는 것도 아니며 남들과 비교 평가하기 위함도 아니다. 오히려 남과 다른 무엇이 있는지, 가장 '나다움'은 어떤 것인지를 찾는 일이다. 사람들은 모두 자신만의 특별한 가치관과 삶의 방식을 갖고 있으며 살아온 환경과 이루고자 하는 꿈에 따라 다른 모습으로 표현되기 마련이다.

내 삶과 내 공간의 관계, 내 집과 삶을 채우는 물건들을 관리하는 태도 그리고 그것들에 대한 나만의 취향과 기준 같은 것들, 내 공간을 돌보고 생각하고 고민하면서 나를 닮은 공간, 내 취향의 집을 구체적으로 이미지화시켜 놓는 일이 필요하다. 그렇지 않으면 언젠가 기회가 왔을 때 우왕좌왕하다가 결국 익숙해져 버린 불편한 공간이나, 다른 사람의 기준으로 만들어 놓은 공간에서 내 몸과 마음을 억지로 맞추며 살아야 할지도 모른다.

어떤 공간 안에서 가장 편안하게 '나다움'을 유지할 수 있을 때, 나다운 아우라가 있는 스타일이 자연스럽게 생긴다. 다른 사람의 공간이 아무리 멋져도 나다운 스타일로 만들고 가꾸어진 내 집만큼 나에게 어울리고 편하고 아름다운 곳이 또 어디 있겠는가.

이 책은 훌륭한 인테리어 비법이나 멋진 아이디어를 제시하기 위한 노하우북이 아니다. 나를 위한 집, 내 집 공간에 대한 나의 취향이 어떤 것인지, 무엇을 놓치고 살고 있는지, 스스로 질문하고 생각할 수 있게 도움을 주기 위한 글을 쓰고 싶었다. 사람마다 아름답다고 느끼거나 만족해하는 공간 취향은 다를 것이니 이 책은 그저 어떤 기준이 있는지 참고만 하면 된다. 책을 읽는 독자들이 가장 나다운 공간에서 느끼는 즐거움을 찾기 위해, 나를 위한 집은 어떤 곳인지 생각하는 시간을 가져 본다면 좋겠다.

아름다운 공간 만들기

1

내 집을 아름답게 가꾸고
돌보는 일

꾸미고 장식하기보다 돌보고 챙긴다

내가 사는 공간을 소중히 가꾸며 돌보는 일은 자신을 소중히 하는 일과 같다. 평범했던 공간을 내가 좋아하는, 추억할 만한 것들로 채워서 정성을 다해 깨끗이 관리하여 내가 나답게 편안할 수 있는 공간을 만드는 일은 스스로 아끼고 대접하는 일이다.

집 안을 잘 가꾸고 산다는 건 집을 '꾸민다' 또는 '장식한다'라는 의미와는 조금 다른 개념이다. 언젠가부터 기능 없이 심미성만 가진 물건을 주거 공간에서 보여 주기 위해 진열하는 일이 내게는 헛되고 고달프게 느껴졌다. 이제 나는 작위적이지 않으면서 기능성과 합리성을 가진, 시간이 지날수록 아름답고 좋은 분위기를 만들어 내는 물건들로 내 공간을 채워 나가려 노력한다.

어떤 상업적인 목적도 갖지 않는 '집' 공간은 장식을 위한 꾸밈으로 채워져서 다른 사람들에게 인정받아야 할 필요가 없는 곳이다. 집은 내 몸을 편안히 쉬게 하고 마음에 위로를 받으며 살아갈 힘과 에너지를 재충전하는 장소이기 때문에 나의 정신적 에너지를 충전하는 데 필요한 모든 활동, 먹고 자고 씻고 쉬는 재충전의 활동들을 위해 도움이 되는 물건들로 채워져야 한다. 아울러 이에 도움이 되는 효율적인 동선의 공간으로 이루어져야 한다. 누군가에게 보여 주기 위한 장식 소품들이나 기능이 없는 살림살이 물건들은 쓸데없이 청소의 양만 늘어나게 할 뿐이다. 내가 실리주의적이고 이성적인 사람이라서가 아니라 그만큼 부지런하지 못해서다. 내 집까지 장식으로 꾸며서 전시하자고 에너지를 쓰기가 힘들어서이기도 하다. 집은 그냥 집주인 마음에만 들면 된다. 여행을 다닐 때도 나는 이제, 기능적으로 아무 쓸모가 없는 장식품들을 사재기해서 모아 오지 않는다. 내가 쓰기에도 부족한 내 공간을 무대로 내주지 않아도, 내가 청소하고 관리하며 진열할 필요 없이, 집이 아닌 다른 용도의 상업 공간에서 얼마든지 즐기고 느끼고 감상하며 살 수 있다. 집은 꾸미고 장식하기보다는 내 몸을 신경 쓰듯 보이지 않는 부분부터 정성껏 돌보고 챙겨야 하는 공간이다.

예전에는 보여 주기 위한 장식적인 인테리어를 중요하게 생각하고 좋아하던 때가 있었다. 여행 다닐 땐 도시마다 예쁜 리빙숍에 들러 조금씩 사 모은 장식 소품들로 여행 가방이 두 배가 되어 돌아오기 일쑤였고, 고상한 취향을 인정받고 싶은 마음에 집 안 곳곳에 가득 진열하고 쌓아 놓기를 즐기기도 했었다. 그땐 또 나름대로 그런 꾸밈의 작업도 즐거운 일이었고 그런 일에 대한 열정과 에너지도 충분했었던 것 같다. 하지만 나이가 들면서 상업 공간과 주거 공간

"공간 안에서 멋진 오브제가 되어 주는 잘생긴 수납용 라탄바구니는
여기저기 자잘한 소품들, 공간을 지저분하게 만드는 물건들을
한꺼번에 담아 정리해 둘 때나 장식용으로도 요긴하게 쓰인다."

을 분리할 줄 아는 세련된 감도도 생겼고, 무엇보다도 집이 라는 공간은 반복되는 일상을 지치지 않고 살아 낼 수 있도록 내 마음이 편안해지는 공간이면 좋겠다는 마음가짐을 갖게 되었다.

집은 '호텔 같은 집'이나 '카페 같은 집'이 아니라 그냥 집주인의 개성을 닮은 공간, 멋 부리려 애쓰지 않아도 집주인만의 특별한 분위기가 있어서 기분이 좋아지는 공간이었으면 좋겠다. 집은 지나친 꾸밈이나 치장으로 거추장스럽고 불편한 곳이 아니어야 한다. 편하고 친근하게 느껴지며, 매일 깨끗이 청소하기 쉽고, 휴식하기에 모자람이 없는 공간이어야 한다. 집은 그냥 안식처답게 깨끗하고 편안하면 좋겠다. 그래야 가끔 들르는 여행지의 호텔이나 카페, 아름다운 공간들이 더 감동적으로 느껴질 테니.

심미성과 기능성을 두루 갖춘 생활용품들

그렇다고 집과 집 안의 물건들이 기능만 있고 못생겨도 된다는 말은 아니다. 기능은 좋은데 심미성이 좋지 않은, 아름답지 못해서 내 정서적 평온함을 망가트리는 생활 도구들은 내 공간 안에 절대 두면 안 된다. 내가 생각하는 훌륭한 생활용품의 기준은 심미성과 기능성을 골고루 갖춘 잘

생긴 물건들이다. 정서적 풍요로움을 위해서 공간을 아름답게 단장하고 싶을 때는 우선 생활을 편리하게 만들어 주는 각종 생활 도구들을 눈에 거슬리지 않는 단정하고 품질이 좋은 물건들로 잘 고르고 깨끗하게 유지 관리해야 한다.

내가 가장 최근 여행지에서 사 온, 장식을 겸한 실용적인 생활 도구는 예쁜 라인과 적당한 두께감의 실버 무광 메탈 소재로 된 바나나걸이였다. 물론 바나나걸이는 한국에도 많지만 마음에 드는 소재와 디테일을 가진 제품을 계속 찾아 헤매다가 미국 슈퍼마켓에서 발견한 싸고 튼튼하며 아름다운 조형미를 가진 바나나걸이를 데려왔는데 내 집 주방 아일랜드 위에 놓인 그 물건은 그 조형적 선이 너무 예뻐서 바나나가 걸려 있지 않을 때도 볼 때마다 만족스럽고 흐뭇하다.

내가 요즘 또 발견한 맘에 쏙 드는 완벽한 물건은 식탁 위에 올려놓은 깊이가 움푹하고 넓적하며 꽃무늬 패턴이 그려진 도자기 그릇이다. 빈 그릇인 채로 식탁 테이블 위에 센터피스처럼 올려놓아도 예쁘지만, 냉장고에 다 수납하기 힘든 제철 과일들을 한가득 담아 놓으면 색깔이나 모양도 예뻐서 화병에 꽃꽂이가 한 다발 장식된 것처럼 화려하고 아름답다. 냉장고 수납이 필요 없는 바나나나 키위 같은 과일이나 예쁜 색상의 토마토, 사과도 담아 테이블 위, 눈에 잘 보이는 곳에 놓으니 오가다 집어 먹기도 쉽고

“예쁜 도자기 그릇을 식탁 위에 올려 두고 냉장고에 다 수납하기 힘든 제철 과일들을 한가득 담아 두면 모자란 수납에도 도움이 되고 눈에 잘 띄는 곳에 있어서 오가다 집어 먹기도 편하니 좋고, 센터피스 꽃다발처럼 아름답기도 하니 일거양득의 효과를 얻을 수 있다.”

수납도 해결되어 여간 맘에 드는 것이 아니다.

이렇게 공간 안에서 멋진 오브제가 되어 주는 수납용 그릇이나 바구니들은 막상 맘먹고 사려고 하면 찾기가 어려우니 평소에 맘에 쏙 드는 수납용으로 사용하기 좋은 심플한 트레이나 바구니 같은 물건을 발견한다면 미리 사 놓는 것도 좋다. 이렇게 기능성을 겸비한 잘생긴 장식용 수납용품들은 잘 모아 놓았다가 방마다 넘쳐나는 자잘한 소품들, 공간을 지저분하게 만드는 물건들을 한꺼번에 담아 정리해 둘 때 요긴하게 사용할 수 있다.

집을 잘 가꾸고 돌보기 위해 좋은 물건을 고민하여 고르고 찾는 일들은 소모적이거나 고생스러운 일이 아니다. 집 공간을 철저히 나답게 만드는, 나를 표현하는 일이고 내가 편안할 수 있는 공간에서 에너지를 충전 받는 일이기 때문이다. 그렇기에 내가 무엇을 좋아하는지 적극적으로 찾고 다양한 것들을 받아들이며 어떻게 살고 싶은지 생각하여 경험을 쌓아 가는 것이 무엇보다 중요하다.

아름다운 공간을 위한
조화로운 컬러 배색

패션의 경우는 평소에 자주 실패와 성공을 거듭하며 터득한 노하우로 머릿속에 이미 자신만의 컬러 데이터가 만들어졌겠지만 인테리어 디자인을 위한 컬러 매치는 그렇게 되기 힘들다. 일단 컬러를 사용해야 하는 공간의 면적이 패션을 위한 컬러보다 훨씬 넓고, 날씨나 조명 등 주변 환경의 영향을 많이 받아서 기준이 일정치 않으며, 또 인테리어 마감재나 물건들을 실제 사이즈로 구해다가 가까이에서 일일이 비교해 보고 매칭하기가 어렵기 때문이다. 공간을 위한 컬러 매치는 상상력과 '감'이 필요한 무척 까다로운 작업이다.

실패를 줄이고 맘에 드는 공간 컬러를 찾고 싶다면 인테리어 마감재나 커튼, 가구 등의 색상을 정할 때 최대한 큰 면적의 마감재나 색상 샘플을 구해서 배색하려는 공간 안에 붙여 놓고 오랫동안 시간적 여유를 두고 변덕스러운 감정의 변화도 즐기면서 신중하게 고민해 보는 것이 가장 좋다. 공간 속 컬러들은 그 소재나 면적에 따라서도 느낌이 매우 다르고 낮에 자연광에서 보는 컬러와 밤에 실내조명 아래서 보는 컬러가 또 다르며 맑은 날과 비 오는 날 보는 컬러의 느낌도 확연히 다르게 느껴지기 때문에 즉흥적으로 유행하는 컬러의 마감재를 대충 정했다가는 볼 때마다 두고두고 후회하게 될지도 모른다.

패션에서 가장 중요한 디자인적 요소는 전체적인 흐름을 이루는 실루엣과 밸런스인데 이 실루엣과 밸런스를 좋아 보이게 만드는 가장 중요한 요소가 바로 컬러 매치이다. 컬러의 흐름이 착시적으로 시선의 흐름을 뚝 끊기게 할 수도 있고 유연하고 우아하며 조화로운 실루엣을 만들어 주기도 한다. 공간에서도 마찬가지이다. 조형적으로도 실루엣이 아름답고 편안한 분위기의 공간을 만들기 위해서는 연결감 있는 조화로운 컬러 배색이 무엇보다 중요하다.

컬러는 즉각적으로 전달하는 메시지가 강하기에 문자 외의 시각적인 기호로도 많이 사용된다. 공간에 색상을 잘 이용하면 각 공간의 정체성을 효과적으로 만들어 낼 수 있고 원하는 분위기를 수월하게 연출할 수 있다. 또 컬러는 한 가지로 혼자서 돋보이기보다는 서너 가지 다른 컬러들과 어우러져서 서로를 아름답게 보이게 하고, 조화와 균형, 리듬감 등을 만들어 공간의 콘셉트를 잘 드러내 주며, 공간에 대한 그리움과 행복한 추억까지 다시 생각나게 하기도 한다.

컬러 배색의 황금비율 찾기

여러 가지 컬러가 공간 속에서 시끄럽게 충돌하는 것을 피하고 자연스럽고 아름답게 하려면 사용하는 컬러의 면적과 비율이 무척 중요하다. 어떤 컬러를 더 넓은 면적에 사용해야 하는지, 메인 컬러나 서브 컬러를 어느 정도 비율로 써야 하는지 같은 '색 배분'의 문제는 안정감과 긴장감을 만들며 공간 내에 밸런스를 잘 유지시켜 준다.

공간 전체의 기본이 되는 베이스 컬러는 전체 면적의 70% 이상이 적당하며 보통은 중성색이나 무채색을 사용하여 밝고 어둡기만 잘 조절하면 된다. 인테리어 컬러 배색은 패션스타일처럼 기분에 따라 매일 바꾸어 주기가 힘들므로 면적을 크게 차지하는 벽, 천장, 바닥 등에 쓰일 베이스 컬러는 다른 여러 가지 컬러들을 모두 받아 줄 수 있는 중간 성향의 뉴트럴 컬러로 고르는 게 좋다. 공간의 캐릭터가 되는, 전체 인상을 좌우하는 메인 컬러는 전체의 20~25% 정도를 차지하며 소파나 가구, 러그, 커튼 등에 사용한다.

포인트 컬러는 5% 정도로 쿠션이나 소품 등의 작은 면적에 사용하는데 메인 컬러를 돋보이게 하여 공간의 조화로운 컬러 배색을 성공적으로 이끄는 중요한 역할을 한다. 예를 들어 컬러풀한 프린트들은 작은 소품이나 쿠션 등

"돌, 나무, 철 등 매트한 텍스처로 인위적이지 않은 러스틱한(rustic) 컬러 레인지들은 공간을 편안하고 고급스럽게 만든다. 중성적인 뉴트럴한 배색의 공간에 그린 컬러의 식물 소재 오브제는 강한 생명력을 불어넣는다."

에서 보여 주고 초록의 식물같이 작은 면적을 차지하는 오브제들을 조화롭게 매칭 해주는 것만으로도 공간 안에서 충분히 포인트가 될 수 있으며 풍요롭고 활기 넘치는 공간을 완성할 수 있다.

메인으로 보이는 컬러가 강하고 진한 컬러일 때는 혼자 너무 동떨어져 떠 보일 수 있으니, 한 곳에 큰 면적으로 집중하지 말고 면적을 나눠서 여러 군데 분산시켜 반복적으로 사용하면 전체적으로 통일감이 생겨서 공간 분위기가 조화로워진다. 밝은 거실에 시커먼 텔레비전의 블랙 덩어리가 혼자 너무 강하게 따로 떨어져 보인다면 블랙 컬러를 소품이나 의자 다리 같은 부분에서, 작고 얇게 거실 공간 안에 여러 번 다시 반복해서 보여 주게 되면 텔레비전의 블랙 면적이 부담스럽게 튀지 않고 자연스럽게 어우러질 수 있으며 얇은 블랙 라인 컬러들의 반복으로 공간에 리듬감이 생긴다.

배색 컬러로 부드럽게 중화시키기

블랙과 화이트처럼 대비가 심한 컬러를 사용할 때는 동일하게 50:50 비율로 하면 공간 전체가 지나치게 무겁고 차가워 보일 수 있다. 모노톤으로 깔끔한 컬러 배색을 원할 때는 상대적으로 더 강한 컬러인 블랙은 5~10% 정도만 있어도 충분하다. 블랙은 큰 면적의 덩어리로 보이기보다는 선으로 샤프하게 라인감만 주는 방법을 사용하면 공간에 에지(edge)가 생기고 밝은 컬러가 상대적으로 훨씬 더 밝고 넓어 보일 수 있게 된다. 이렇게 어둡고 밝음의 대비가 심한 두 가지 컬러를 메인으로 쓸 때는 이 둘을 중화시켜 주는 중간 컬러(화이트/블랙일 때는 그레이)를 보조색으로 구색을 맞춰 배합해 주면 그러데이션으로 넘어가는 단계가 생겨서 공간에 깊이감이 느껴지게 된다.

또 반대로 밝기 차이가 별로 나지 않는 연한 색상끼리의 매치일 때, 예를 들면 방을 넓어 보이게 하고 싶어서 큰 면적을 온통 밝은 컬러로 배색할 때도, 밝은 면적들 사이를 분리하여 또렷하게 해주는 배합 컬러가 없으면 연한 컬러들끼리 흐리멍덩하게 다 앞으로 나오는 느낌을 주어서 오히려 답답해 보일 수 있다. 중간톤의 보조색들이 면적을 부분적으로 후퇴시켜 주어 입체감을 주어야 공간이 훨씬 깊고 넓어 보이는 효과가 생긴다. 집 안을 밝고 넓어 보이게 하려고 온통 하얗게 화이트 톤을 쓰고 싶다면, 색온도가 비슷비슷한 크림빛 화이트 톤끼리의 화이트 톤온톤 컬러 매치는 비교적 쉽게 공간을 우아하고 차분해 보이게 만들어 줄 수 있지만 같은 컬러의 넓고 밋밋한 면적을 적당히 분리하며 환기해 주는 그림자 컬러 같은 배합 컬러들을 중

"볕이 잘 드는 거실과 주방에 민트빛 하늘색을 사용하고 이국적인 식물이나 패턴들을 장식하여 포인트를 주면 낭만적인 여행지의 추억이 떠올라 행복한 에너지가 생길 수 있다."

간에 반복해 넣어 주면 같은 화이트 톤에 깊이감이 생겨서 훨씬 더 풍요롭고 화사한, 느낌 있는 화이트 공간이 될 것이다.

감성적 분위기를 연출하는 내 삶의 배경 컬러

내 취향의 컬러 배색이 어떤 것인지 갑자기 발견하고 상상해 내기가 어려울 땐 자연에서 나온 컬러들을 떠올려 보는 것도 도움이 된다. 주변에 항상 있어서 눈에 편하고 익숙한 컬러들, 가을의 높고 푸른 하늘빛과 하늘하늘한 코스모스의 연한 핑크색, 여름 태양 아래 진한 청색의 바닷물과 눈부신 크림색 백사장, 진한 흙빛 나뭇가지를 뚫고 나오는 연한 나뭇잎의 다양한 그린 색 베리에이션. 이렇게 자연의 컬러를 이용한 컬러 배색은 편안한 자연스러움으로 공간에 활력과 경쾌한 리듬을 주며 빡빡한 도시 생활에 지친 피로함을 해소하는 기분 좋은 힐링이 될 수 있을 것이다.

화려하고 과감한 컬러 시도가 두렵지 않은 에너지가 많은 사람이라면 방안의 벽체나 문짝, 가구, 커튼, 소파 등 크고 넓은 면적에 화려한 프린트 패턴이나 과감한 컬러들을 시도해 보는 것도 추천하고 싶다. 이렇게 임팩트가 강해서 시선을 확 끌어당기는, 강조하는 컬러를 쓰게 되면 공간에 발랄한 에너지가 생기며 행복한 기분을 느낄 수 있다.

컬러는 유행을 가장 많이 타는 디자인의 영역이기도 하지만 어디까지나 개인의 취향과 주관적인 호불호가 가장 중요하다. 아무리 멋지고 유행하는 컬러라도 나에게 매력적이지 않고 정신을 피곤하게 만드는 컬러는 내 주거 공간에서 두어선 안 된다. 유행한다는 트렌드 컬러가 아무래도 정이 안 가고 눈에 안 들어온다면 유행 따위는 과감히 무시하고 본능에 충실하면 된다. 평소에 주변에서 내 마음을 편안하게 만드는 공간 속의 컬러나 컬러 배색의 사례를 찾아 꾸준히 스크랩해 놨다가 내 공간에 조심스레 연출해 보자. 내가 좋아하는 컬러로 배색한 나만의 특별한 공간이 주는 만족감은 말로 표현할 수 없을 만큼 크다. 쿠션 하나 수건 한 장도 눈에 거슬리는 컬러나 패턴은 내 공간에 함부로 들이지 않아야 한다. 의외로 작은 면적의 소품들 컬러 한두 개가 집안 전체의 분위기를 크게 좌우할 수도 있기 때문이다.

아름다운 창가 공간 만들기

벽, 바닥, 천장 그리고 네 번째 인테리어 마감재인 커튼의 역할

아름다운 창가 공간을 만들기 위해 커튼은 꼭 필요한 아이템이다. 커튼은 공간의 성격과 콘셉트를 표현하는 데 중요한 역할을 하는 마감재로 커튼을 다는 일은 공간에 옷을 입히는 무척 섬세한 작업이다. 어떤 패션스타일로 스타일링하느냐에 따라 사람의 이미지가 크게 달라지듯 커튼의 소재나 색상, 디자인에 따라 공간의 분위기가 많이 바뀔 수 있다.

커튼 없는 창문은 마감되지 않은 날것 상태의 콘크리트 벽과 같다. 잘 짓고 만든 공간이나 건축물도 창문을 커버하는 블라인드나 커튼의 설치가 끝나야 비로소 마무리되고, 아늑하고 완성도 있는 공간의 개념을 갖게 된다.

커튼은 겨울엔 바람과 추위를 막고, 여름엔 직사광선을 피해 시원하고 쾌적한 온도를 유지시켜 준다. 또한 외부 소음과 내부 소음(울림)을 걸러 주고, 낮에는 아름답지 못한 창밖 풍경을 가리는 파티션 역할을 하고, 밤에는 내부의 사생활을 지켜 주기도 한다. 이런 필수적이고 기능적인 요소들 외에도 커튼은 햇빛을 부드럽게 걸러 내어 공간을 아름답게 만들며 심미성과 기능성 두 가지 측면을 완벽하게 충족시키는 매우 기특하고 유용한 인테리어 마감재이다.

"커튼은 추위를 막고 온도를 유지시켜 주며 소음을
차단하고 프라이버시를 지켜 준다. 또 커튼은 햇빛을
부드럽게 걸러 내어 공간을 아름답게 만들어 준다."

커튼은 스타일이나 디테일보다 소재(어떤 원단을 쓸 것인가)가 가장 중요하다. 디자인과 사이즈가 같은 옷이라도 캐시미어 니트와 합성섬유 니트는 가격 차이가 날 수밖에 없듯이 원단이 천연 소재이거나 잘 가공된 고급원단일 경우, 그 가격이 무척 비싸다 보니 만약 소재의 질에 예민한 사람이라면 커튼도 가구만큼 중요한 인테리어의 한 부분임을 잊지 말고 예산에 미리 포함시켜 계획을 세워야 한다. 멋지고 고급스러운 공간에 어울리지 않는 커튼은 공간 전체를 조악하고 볼품없게 만들 수 있기 때문이다.

공간의 콘셉트를 결정하는 다양한 커튼의 소재와 스타일

커튼 원단은 크게 펼쳐져 자연광에 비쳐 보일 때, 밤에 조명 아래서, 원단이 뭉쳐 있을 때와 펴져 있을 때 등 때에 따라 컬러의 느낌이 다 다르고, 또 자연스레 주름이 잡혀서 떨어지는 원단의 실루엣도 각 원단의 특성별로 다르다. 그래서 가능하면 넓은 면적의 다양한 패브릭 샘플을 만져 보고 늘어뜨려 보면서 본인의 취향을 찾아 가야 한다.

커튼 원단은 재질과 감촉에 따라 크게 천연 소재와 합성 소재로 나뉜다. 천연 소재인 실크는 다른 원단에 비해 가격도 비싸고 관리도 어렵지만 여성스럽고 고급스러운,

격조 있는 분위기를 연출하기 좋다. 같은 실크라도 그 종류에 따라 가격대나 질감이 많이 다르긴 하지만 대부분의 실크는 물과 열에 약하기 때문에 폴리에스테르와 면 혼방 합성섬유를 쓰거나 융 원단 등을 뒷지로 덧대어 톡톡하게 볼륨감을 주기도 한다. 광택이 적고 표면의 텍스처가 비교적 거친 듀피온 실크 같은 경우에는 내추럴한 소재감을 살려서 홑겹으로 재단하면 구겨지는 느낌까지 멋스럽게 연출할 수 있다. 실크는 또 특별히 계절을 타지 않으며 자연스러운 광택감 때문에 한 가지 컬러로 투톤(two-tone) 효과를 낼 수 있고 진한 컬러를 넓은 면적으로 사용해도 별로 부담스럽지 않아서 널리 애용되는 커튼 소재이다.

린넨 또한 최고급 천연 소재로 실크만큼이나 가격대도 비싸고 관리가 까다롭지만 햇빛 아래 투명하게 비치는 직물의 내추럴한 소재감은 넋을 잃을 만큼 아름답다. 린넨은 보통 여름 소재라고 생각하는 경우가 많은데 가공 방법이나 두께감에 따라 느낌이 다르며 사계절 베딩 원단으로도 세계적으로 가장 많이 쓰이는 고급 소재이다. 두께나 밀도가 높은 두꺼운 린넨들은 겉 커튼으로 쓰이거나 특수 가공을 거쳐 소파 커버지로도 인기가 많고, 밀도가 성글고 얇은 린넨 원단은 속 커튼으로 많이 사용된다. 요즘은 아름답지만 관리가 까다로운 100% 린넨 원단보다는 합성 섬유들과 혼방 가공되어 린넨 고유의 장점을 살리면서 구김이 덜 가고 가격도 비교적 저렴해진 린넨 혼방 원단들이 실용적으로 많이 쓰이고 있다.

이렇게 요즘은 천연섬유 외에도 고급 기술로 가공한 질 좋은 합성섬유들이 커튼 원단으로 많이 쓰이고 있는데 구김 없이 흐르는 듯 착 떨어지는 연출이 가능한 폴리 원단은 천연섬유보다 저렴하고 구김이 안 가서 원하는 스타일을 연출하기가 쉬우며 관리도 용이하기 때문이다.

빛을 차단할 수 있는 특수한 짜임의 원단인 암막 원단은 방풍이나 단열에도 좋지만, 빛에 예민해서 잠들기 어려운 사람들에게는 꼭 필요한 커튼이고, 암막의 정도에 따라 70~99%까지 빛 차단이 가능하다. 커튼 원단 자체가 암막으로 짜인 암막용 커튼 원단들도 많지만 기능성 원단이다 보니 컬러나 질감 등 표현에 한계가 있고 무겁고 답답한 느낌이 있어서, 다른 원단들의 뒷면에 따로 암막 원단을 덧대서 이중으로 가공해 사용하는 방법도 있다.

이 외에도 자수 원단이나 레이스, 프린트 원단 등 커튼 원단은 그 종류별, 컬러별, 패턴별로 수천수만 가지 종류가 있으니 커튼을 제작하기 전에 평소 본인이 좋아하는 패브릭이 어떤 질감과 어떤 컬러인지, 내 공간이나 창에 어울리는 소재나 컬러는 어떤 것인지 관심을 가지고 최대한 많이 접해 보는 게 좋다.

〈커튼 스타일의 대표적인 네 가지 방법〉

• Pinch

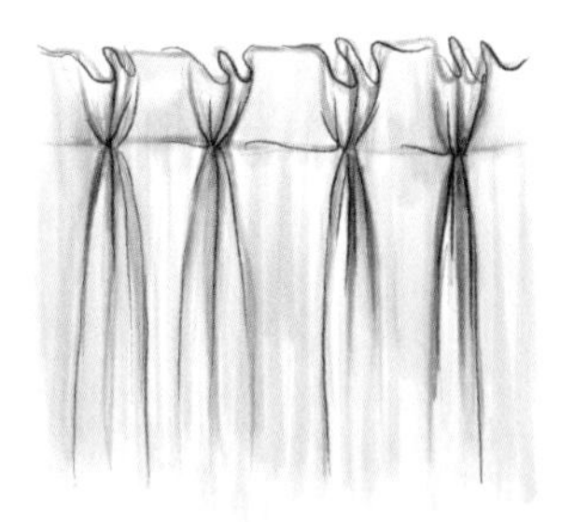

나비주름 스타일: 두세 꼬집 잡아서 좁은 폭으로 볼륨 있게 주름을 만들면 입체적인 드레이프가 생겨서 우아하고 분위기 있는 공간에 어울린다.

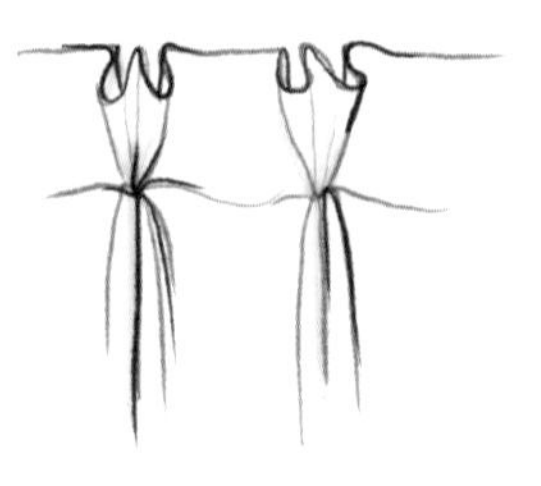

• Tripple Pinch

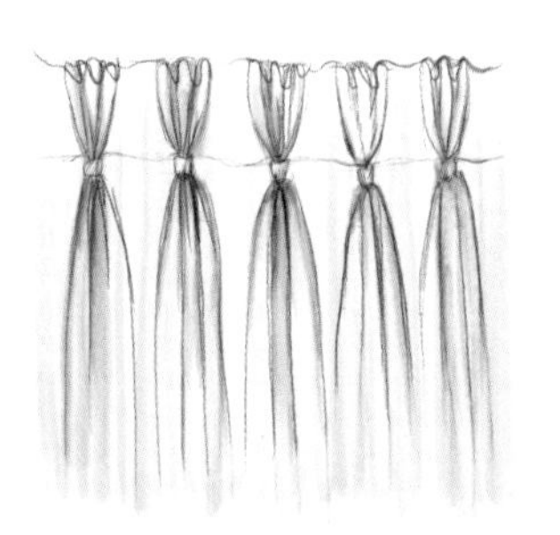

프렌치주름 스타일: 세 꼬집 이상 잡아서 좁은 간격으로 촘촘하게 주름을 만들면 나비주름보다 훨씬 더 풍성한 볼륨의 드레시한 커튼이 완성된다. 얇고 부드러운 실크 원단 가공에 주로 쓴다.

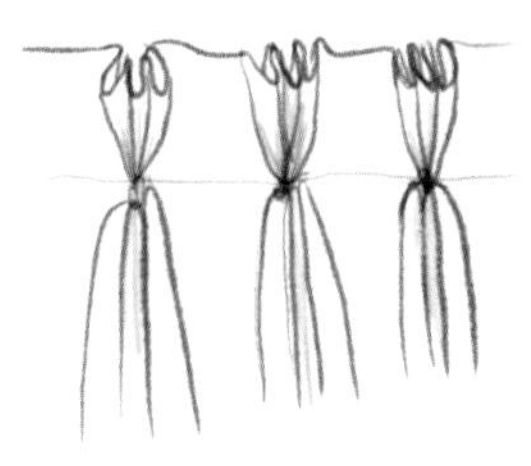

• Inverted

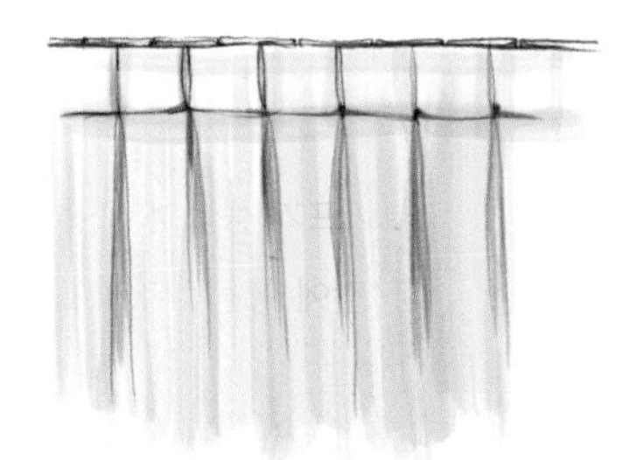

맞주름 스타일: 주름을 뒤쪽으로 잡아서 눌러 박으면 앞면은 플랫하고 깔끔하게 마감되어 모던한 분위기의 공간을 연출할 수 있다.

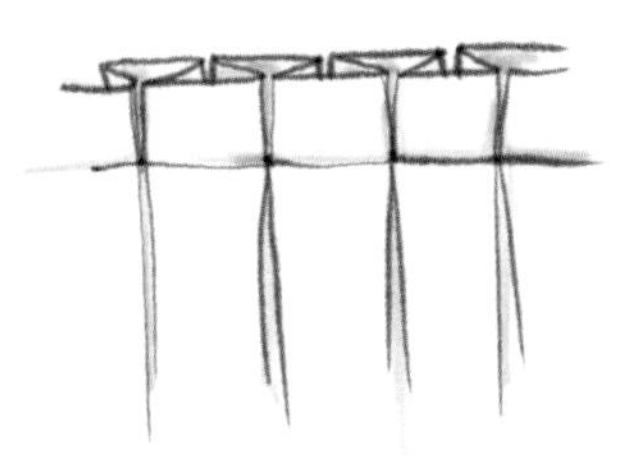

• Ripple Fold

웨이브 스타일: 'S' 웨이브 커튼으로도 불리며 세로로 버티컬 라인이 규칙적으로 깔끔하게 떨어져서 직선적이고 모던한 공간에 잘 어울린다. 두꺼워서 주름잡기 어려운 원단 가공에 적합하다.

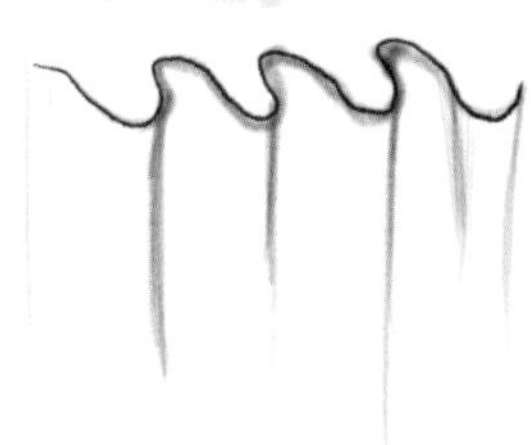

커튼의 컬러는 기본적으로 인테리어 마감재와 비슷한 톤으로 맞춰서 벽체를 감싸 주는 느낌이 들게 하는 것이 공간을 넓어 보이게 하는 가장 무난한 방법이지만 공간 안의 인테리어가 무채색의 환하고 조용한 분위기라면 커튼에서는 진하게 눌러 주는 컬러를 사용하거나 포인트가 되는 패턴이나 소재로 받아 줄 수도 있다. 좋아하는 취향의 꽃무늬나 패턴이 들어간 프린트 원단을 사용해서 커튼의 존재감을 부각하고 싶을 때는 패턴 중에 있는 컬러를 단색 원단으로 매치해서 속 커튼이나 쿠션, 침구 등에서 반복해 받아 주면 공간 안에서 커튼만 튀지 않고 안정감이 생겨서 세련된 느낌을 줄 수 있다.

커튼의 스타일을 결정할 때도 커튼을 설치하려는 공간의 컨디션과 커튼 원단의 두께나 특성에 맞는 방법으로 가공 방법을 결정해야 한다. 원단이 부드러울수록 주름이 자연스럽고 예쁘게 잡히는데 나비주름을 가지런히 잡아 내리는 방법이 가장 무난하고 흔한 방법이면서도 부드러운 원단의 소재 특성을 잘 살려 줄 수 있다. 커튼의 스타일로 좀 더 멋을 부리고 싶다면 주름을 더 많이 잡아서 화려하고 우아하게 만들 수도 있다.

원단을 주름 없이 플랫하게 마감하고 구멍을 뚫어서 커튼 봉에 끼워 주는 아일렛 장식은 두께감 있는 원단에 자주 쓰는데 두꺼운 웨이브가 생기며 무게감 있게 떨어져서 모던하고 고급스러워 보인다. 공간 안에 파티션처럼 원단을 내려뜨릴 때는 커튼에 봉집을 만들어 커튼 봉에 끼워서 적당히 주름을 잡아 스타일링 하면 사랑스러운 분위기를 만들기도 한다. 또 천장에 커튼레일을 가릴 수 있게 커튼 박스가 시공되어 있다면 레일을 설치하는 것이 가장 좋고, 공간에 커튼 박스가 없어 레일이 노출될 상황이거나 천장고가 너무 높고 원단이 무거운 경우는 철제로 된 커튼 봉을 따로 제작하는 것이 좋다.

분위기를 완성하는 빛과 조명

빛을 어떻게 다루는지가 공간의 분위기를 결정한다

우리나라에서는 전통적으로 햇볕이 잘 드는 남향집을 선호하는데 겨울엔 빛이 깊게 들어와 따뜻하고 환하며, 여름엔 빛이 적게 들어 덜 덥다. 요즘은 방향 외에도 전망이나 채광 등의 요소가 중요해져서 멋진 풍경을 온전히 즐기려되도록 통창을 설치하고 자연채광이 가능하도록 창의 개수를 늘린다.

하지만 공간이 지나치게 환하면 사물들은 오히려 그 존재감을 잃고 평평하고 뭉툭하게 보인다. 또한 눈부심 때문에 사물을 제대로 볼 수가 없어 눈 건강에도 좋지 않고, 집 안에 머무는 사람의 피부를 노화시키며, 가구 색도 바래게 한다.

사물의 형태적 모습, 아름다운 조형미를 잘 드러내려면 다양한 밝기의 명암으로 공간에 입체감을 부여해 줄 수 있어야 한다. 무엇보다도 너무 밝은 빛은 집 안에서 편안하게 휴식하는 일을 어렵게 만들기 때문에 집은 반드시 여러 겹의 커튼을 레이어드해서 빛의 양을 원하는 만큼 조절해 줄 필요가 있다. 낮에도 쉬고 싶을 때는 두꺼운 커튼으로 해를 가려 주고 저녁 무렵 석양이 질 때나 새벽 동이 트는 시간엔 얇고 비치는 소재로 실내의 분위기를 바꾸어 주는 등 두께와 소재감이 다른 여러 겹의 커튼 원단들을 적절하게 교체해 준다.

빛은 자연광이든 인공의 광이든 사람의 감정과 컨디션에 맞추어 적절하게 조절해 줄 수 있어야 한다. 자연의 빛과 인공의 빛, 빛을 어떻게 다루느냐의 문제, 조명을 잘 계획하는 일은 인테리어의 성패를 가를 만큼 중요한 요소가 된다. 특히 주거 공간은 공간별로 용도와 성격에 따라 조명의 방식과 조명기구의 종류, 조명기구의 설치 위치 등을 잘 계획해야 아늑하고 아름다운, 분위기 좋은 주거 공간을 완성할 수 있다.

주거 공간에 어울리는 조명의 색온도

주거 공간에서는 활동하는 시간과 휴식이 필요한 시간에 각기 다른 강도와 밝기의 조명이 필요하다. 또 낮 동안 자연광의 양과 질이 중요한 만큼 저녁 시간엔 공간마다 필요한 조명의 밝기와 '색온도'가 중요하다. 조명의 색온도란 하루 동안 자연광이 시간차에 따라 달라지는 빛의 차이를 수치로 나타낸 것인데 사람의 기분과 감정을 조절하는 데 큰 영향을 끼치기 때문에 용도가 다른 공간마다 차이를 두어야 한다.

색온도는 세 가지로 나뉘는데 해가 뜰 즈음에 주황색이 감도는 따뜻한 하늘빛을 '전구색'이라 하고, 해가 뜨고 나서 두 시간 정도 지나 좀 더 밝아진, 따뜻한 아이보리빛 하늘색은 '주백색'이라 하며 눈부시게 밝은 대낮의 햇빛 컬러를 '주광색'이라고 한다.

보통 편안한 쉼이 중요한 주거 공간에서는 따뜻한 느낌의 전구색을 주로 사용하고 주방이나 공부방 책상 앞은 주백색을 사용한다. 차갑고 밝은 주광색은 사람의 정신을 번쩍 깨우는 빛의 색으로 보통 병원이나 사무실, 학교나 마트 등에서 쓰며 감성적 분위기의 공간보다는 사물의 식별을 확실히 해야 하는 작업 공간에서 주로 사용하는 조명색이다.

우리나라는 아직도 방 천장 한가운데 공간 전체를 균일하게 밝게 만드는 직부등 같은 조명기구로 주광색 조명을 쓰는 경우가 많은데, 집중해서 작업해야 하는 곳이 아니라면 주광색은 주거 공간에서 사용하지 않는 것이 좋고, 휴식하며 편안해야 하는 주거 공간은 전구색 컬러를 써줘야 눈의 피로도 덜하고 공간이 분위기 있게 아름다워질 수 있다.

조명의 밝기나 색온도를 표현하는 전문적이고 기술적인 단위들까지 우리가 자세히 알아야 할 필요는 없지만 집을 짓거나 인테리어를 할 때는 공간 전체를 멋없이 밋밋

하고 균일하게 밝게 만드는 천장형 직부등이나 눈부시게 밝은 주광색 전구는 거부할 수 있도록 밝기에 대한 자기 기준과 취향 정도는 알고 있는 것이 좋다.

라이프스타일에 맞는 조명 방식 찾기

서양의 대도시들은 일찍부터 공간에 어울리는 조명을 사용하는 기술이 능숙하고 세련되어서 가끔 외국 여행 중 들르는 호텔이나 상업 공간들에서 조명에 대한 멋진 아이디어들을 얻게 되는 경우가 많다.

한번은 여행 중 머물던 호텔 방에서 낮에 잠깐 방안의 환기를 위해 커튼을 젖혀 창문을 열었는데 창밖의 밝은 태양광이 새어 들어오자 너무나 예쁘고 멋있었던 객실 인테리어가 햇빛 아래서 보니 그렇게 초라하고 밋밋해 보일 수가 없었다. 그러니까 그동안 내가 멋지다고 생각했던 인테리어 디자인은 사실 조명 효과가 만들어 낸 조명발이었다.

집에서 사진을 찍으면 어딘가 초라하고 평평하게 나오는데 카페나 호텔에서 찍으면 유난히 예쁘고 포토제닉하게 사진이 잘 나오는 이유는 바로 피사체의 컬러를 부드럽게 만들며 명암을 잘 살려 입체감을 부여하도록 공간 내에 조명의 색온도를 잘 조절해 썼기 때문이다. 평범한 내 집 공간을 호텔같이 꾸미고 싶다면 비싸고 멋진 가구가 아니라 적절한 조명계획이 필요할 것이다.

공간에 어울리는 조명을 고를 때는 우선 각 공간의 성격을 파악하여 기능과 용도에 잘 맞는 조명 방식을 선택해야 한다. 공간 전체를 균일하게 밝게 만드는 것이 목적인 전체 조명은 천장에 바로 붙어 있는 직부등이 대표적인데 우리나라의 아파트나 주거 공간에 획일화되게 설치되어 있는 가장 흔한 조명 방법이지만 휴식을 위한 주거 공간에는 잘 맞지 않아서 요즘은 빛의 조도를 단계별로 조절할 수 있게 디머 스위치 기능을 추가하거나, 아예 천장의 직부등을 없애고 간접조명이 가능한 매립형 조명으로 교체하는 추세다.

라이프스타일이 달라서 우리보다 조명기구 사용의 역사가 조금 더 오래된 서구의 다른 나라들에서는 주택 집이건 아파트건 천장에 바로 붙이는 직부등 스타일의 전체 조명은 거의 찾아볼 수가 없고, 입주자의 기호에 맞게 공간마다 따로 조도를 조절할 수 있는 이동식 램프를 많이 사용한다. 이렇게 공간 전체를 한꺼번에 밝게 하는 전체 조명을 없애고 플로어 램프와 테이블 램프 등 여러 종류의 간접조명으로 실내의 조도를 조절할 수 있게 해주면 밝기 정도에 따라 공간에 리듬감이 생겨서 좀 더 분위기 있고 편안한 공간을 만들 수 있다.

인테리어의 완성도를 높여 주는 적당한 조명기구 고르기

공간을 잘 아는 인테리어 전문가들도 따로 신경 써서 고민하지 않으면 실수하기 쉬운 게 조명인데 빛과 조도의 기준을 잡는 일은 절대적으로 주관적이어서 사람마다 밝고 어두움에 대해 마음속에 느끼는 불편한 정도가 다 다르고 심리적으로 안정감을 느끼는 밝기도 다르기 때문에 조명은 어느 정도가 정답이라고 딱 정해서 제안하기는 힘든 부분이기도 하다.

따라서 조도는, 특히나 주거 공간인 경우, 평수에 따른 절대적 조도 수치를 전문가가 정해 주는 것보다 집주인인 내가 심리적 안정감을 느끼는 빛의 강도가 어느 정도쯤인지를 알고 기준을 정하는 일이 필요하다. 빛이 비치는 각도에 따라서, 비추는 면의 질감이나 컬러에 따라서 또 조명갓과 조명기구의 소재에 따라서도 느껴지는 조도의 세기나 감성적 느낌이 모두 다르기 때문이다.

공간의 최종 마무리 단계 중 가장 중요한 두 가지는 바로 조명과 커튼이다. 이 둘은 공간 안의 다른 마감재를 돋보이게 해주는 가장 중요한 마감재이며 공간 내에서 장식적 오브제로서도 훌륭한 역할을 해내는 동시에 빛을 효과적으로 다뤄서 공간을 아름답게 보이도록 만든다. 특히 조명은 공간의 내·외부, 건축적인 조형미에까지 화룡점정

"다이닝룸에서 장식적인 오브제로도 중요한 역할을 하는 식탁 위 팬던트 조명을 설치할 때는 테이블과 조명기구 사이가 너무 멀어지면 긴장감이 떨어져서 전체 비율이 예쁘지 않다. 식탁과 조명기구 사이의 거리는 60~80cm 정도가 적당하며 식탁 의자에 앉았을 때 눈부심이 없는 각도인지도 꼭 확인해야 한다."

을 찍는다. 공간을 디자인할 때 전체적인 분위기에 드라마틱한 변화를 주고 싶다면 가장 효율적인 솔루션은 조명을 바꾸는 것이다. 빛의 밝기와 컬러, 조명을 쓰는 방식, 조명기구의 종류 등을 공간의 용도와 사용자의 스타일에 맞게 계획적으로 배치해 주는 일은 건축과 인테리어 마감의 완성도를 높이는 가장 중요한 작업이다.

가끔 전셋집 인테리어처럼 제한이 많은 상황이라 선택의 폭이 좁고 적은 예산으로 큰 효과를 얻을 수 있는 인테리어 방법에 대해 조언을 구하는 지인들이 있는데 그때마다 나는 가장 먼저 조명기구를 바꾸라고 강력하게 추천한다. 물론 조명기구를 바꾸기 위해 천장을 뜯고 리모델링 공사를 하게 되면 돈이 많이 들겠지만(사실 돈을 들여 천장의 조명기구를 다 교체하는 것이 가장 빠르게 원하는 변화를 얻는 방법이긴 하다), 천장이나 골조는 건드리지 않고 조도를 보완한 조명기구들만 교체해 준다면 공간 분위기를 빠르게 바꾸는 데 큰 효과를 볼 수 있는 가성비 좋은 투자가 될 수 있다.

위로와 힐링이 되어 주는
플랜트 인테리어

공간의 근사한 오브제, 고무나무

편안하고 기분 좋은 공간에는 식물이나 꽃이 있다. 식물을 들여서 마음의 여유를 갖고 집 안을 아름답게 만들겠다는 마음을 먹었다면 자잘한 화분들을 여럿 들이기보다 처음부터 과감하게 키가 큰 고무나무 한 그루 들여 볼 것을 추천한다. 크기가 큰 나무로 시작하면 공간이 확 달라진 모습이 한눈에 드라마틱하게 느껴져서 변화를 위한 행동의 동기부여가 확실히 자극된다. 또 열대식물인 고무나무는 극심한 기온 차를 보이는 환경만 아니라면 손이 덜 가는 근사한 실내용 식물이다. 굵고 통통한 나무줄기가 멋스럽게 공간의 모양에 제 몸을 맞추듯 쑥쑥 잘 자란다. 반짝반짝한 넓은 이파리는 진한 청록색으로 강렬하고 이국적이어서 그 존재감만으로도 조각 작품처럼 멋진 인테리어 오브제 역할을 한다. 허전하고 차가운 공간에 고무나무 한 그루면 따로 다른 장식품이 필요 없을 정도이다. 이렇게 기특한 고무나무는 내가 제일 좋아하는 장식 오브제인데, 주거 공간이든 상업 공간이든 공간 기획을 할 때, 특히 무채색의 차분한 공간에는 포인트로 생동감을 주기 위해 자주 사용하는 아이템이다.

식물을 집 안에 들여놓을 때 인테리어에 방해가 되지 않으려면 화분을 잘 고르는 것 또한 중요하다. 잎이 진한 녹색인 고무나무의 경우는 검은색 돌 화분이 잘 어울리고 선명한 초록색이 싱그러운 몬스테라 같은 식물은 매트하고 내추럴한 테라코타 화분이 잘 어울린다. 테라코타 화분은 처음엔 연한 주황색을 띠지만 흙 소재가 물기를 머금기 때문에 시간이 지날수록 얼룩과 오염으로 자연스럽고 멋스럽게 변색해서 빈티지한 장식품이 될 수 있다. 어쨌든 화분은 식물을 돋보이게 해주고 공간 안에 자연스럽게 묻어가야 하는 오브제이니 너무 화려하거나 디테일이 많은 것들은 피하는 것이 좋다.

처음부터 화분이 아닌 장식 화기 용도로 만들어진 도자기나 큰 그릇들도 화분으로 사용할 수 있는데 이런 화기에 식물을 옮겨 심을 때는 배수 구멍이 없으므로 안에 돌멩이를 깔고 원래 화분 그대로를 그 안에 끼워 넣어 밑에서 돌멩이 틈 사이로 물이 빠질 수 있게 해주는 방법도 있다. 요즘은 콘크리트와 다른 물질을 혼합해서 무게를 가볍게 만든 돌 느낌의 화분들이나 시멘트를 거칠게 갠 듯한 질감의 예쁜 화분들이 많아서 공간에 내추럴한 멋스러움을 살리고 싶을 때 사용하면 좋다.

현관 콘솔 위나 거실 수납장, 텔레비전과 컴퓨터 근처나 볕이 잘 안 드는 욕실 같은 곳에도 장식으로 가볍게 두기 좋은 작고 예쁜 선인장이나 다육식물 들은 식물 초보자들이 부담 없이 키우기 좋다. 이런 작은 식물들은 그 모양이나 생김새가 다양하고 한 개씩 두어도 예쁘지만 한꺼번에 모아 놓으면 그림처럼 아름답다. 동그랗거나 길쭉한 것, 옆으로 넓게 퍼져서 면으로 덩어리져 보이거나 위로 솟아올라서 부슬부슬 흩어져 보이는 것 등, 다채로운 모양의 식물 컬렉션을 한데 모아서 넓적한 트레이나 쟁반 안에 담아 놓으면 한꺼번에 물 주기도 좋고 가끔씩 햇빛과 바람도 맞기 좋은 자리로 이리저리 옮기기도 편해서 유지 관리가 수월하다. 이렇게 트레이에 올려진 채로는 베란다 공간 어디든 둘 수 있고, 벤치 위에 올려 두거나 바닥에 대충 놓아도 멋스럽고 예쁘다. 높낮이를 다르게 해서 주변에 크고 작은 식물들을 자연스럽게 섞어 놓아 주면 천장에서 떨어지는 행잉 플랜트와 함께 창밖의 시선이나 보기 싫은 풍경도 차단할 수 있어 자연스럽고 아름다운 식물 파티션이 만들어진다.

이렇게 식물을 실내 공간에 넣어 주면 차갑고 딱딱한 분위기를 생기 있게 바꾸는 데 효과가 좋지만, 생물이다 보니

“높낮이나 생김새가 다양한 작고 예쁜 식물들을 한군데
모아 두면 차갑고 삭막한 곳을 편안하고 기분 좋은
공간으로 아름답게 변신시키는 효과가 있다.”

손이 많이 가서 자칫 관리를 소홀히 하면 금방 지저분해지기 때문에 플랜트 인테리어는 먼저 집주인의 마음 준비가 필요하다. 반려동물이든 반려식물이든 살아 있는 모든 것들은 항상 적절한 관심과 애정을 주어야 하니 귀찮고 성가시기도 하지만, 식물들은 또 다행히 자기 나름의 방법으로 적응도 잘한다. 오히려 지나친 사랑과 과잉보호는 사람이나 동물도 그렇지만, 식물들을 아프게 할 수도 있으니 지나친 걱정으로 미리 겁부터 먹을 필요는 없다. 그저 약간의 정성과 관심 그리고 적응하기 위한 시간과 기다려 줄 수 있는 인내심만 있다면 내 집에 들여놓아 준 초록의 식물들은 화사한 모습으로 위안을 주고 보람을 느끼게끔 보답해 줄 것이다.

쉬어 가는 공간들

2

나만의 아지트, 베란다 가든

아파트에서 베란다는 정원이나 테라스처럼 잠시 쉬어 가는 나만의 아지트를 만들기에 딱 좋은 공간이다. 게다가 거실에 붙어 있는 베란다는 보통은 집 안에서 해가 가장 잘 드는 자리에 있어서 식물을 키우기 더없이 좋은 장소이다.

그럼에도 한 평의 공간이 아쉬운 아파트의 경우 베란다를 확장해서 거실을 넓게 쓰거나 각종 잡동사니의 수납 공간으로 창고처럼 쓰느라 베란다의 유용한 쓰임새를 무시하게 되지만 단언컨대 집 안에 자연을 들이는 일만큼 여러 가지 면에서 가성비 좋은 투자가 또 없다. 시각적으로도 식물들은 인테리어에 고급스러운 장식 오브제가 되고 심리적으로 큰 위로와 안정감을 주며 건물 안의 방사능물질을 흡수하고 유해 성분을 제거해 공기정화에도 도움을 준다.

요즘은 도시의 많은 건물과 아파트 단지들도 일정한 비율로 조경과 녹지면적을 확보해야 하다 보니 도심 속에 만들어진 인공의 녹색 자연이나 공원들도 상당히 수준이 높아졌고 아파트 단지마다 조경도 꽤 훌륭하게 잘되어 있다.

도시에서 가끔 만나는 초록의 자연은 풍족하진 않지만 그래도 또 그런대로 참 좋고, 감사하다. 도시와 자연을 함께 누리고 살 수 있다면, 도심 속에서 가끔이라도 자연을 만나고 약간의 위로를 받을 수만 있다면, 도시의 빌딩 숲이나 좁은 아파트 생활도 그럭저럭 부족함이 없을 것 같다. 이렇게 아름답게 잘 정돈된 자연환경을 이왕이면 내 집 베란다까지 끌고 들어와서 내 생활 공간 속에 바깥의 자연이 연결되는 느낌이 들게 만들어 준다면 내 삶의 공간도 더 넓어지게 되지 않을까?

지붕 아래서 햇볕을 쬐고 바람을 맞을 수 있는 작은 야외 공간인 베란다는 실내와 야외를 연결하는 통로 같은 완충재 역할을 한다. 마당이 있는 집의 테라스처럼 밖의 자연을 안으로 끌고 들어와서 반실외 중간 공간으로 테라스처럼 만드는 것이다. 그렇다고 좁은 베란다 전체를 빽빽하게 정원으로 만들기는 쉽지 않을 테니 처음부터 너무 많은 식물을 한꺼번에 들이기보다 가능한 한 손이 덜 가는 작은 화분부터 시작해서 조금씩 베란다에서 거실로, 또 집 안 여러 곳으로 들일 수 있는 식물들을 찾아보고 관심을 가져 보자.

나를 위한 작은 사치, 베란다 가든

베란다에 식물을 들일 때는 단열을 위해 외부창은 베란다용 새시를 하고, 내부의 거실 창은 폴딩도어로 바꾸어 주면 거실과 베란다의 경계가 느슨해져서 다양한 라이프스타일이 가능해진다. 새시가 외부의 찬 바람을 막아 줄 수 있으니 완벽한 확장 공사보다는 경제적으로도 효율적이면서 유연한 방법이 될 수 있다. 베란다의 새시 쪽에 블라인드까지 달아 준다면 내가 원할 때는 언제든 완벽하게 외부와 차단하고 거실을 넓게 사용할 수 있다.

거실과 접해 있는 베란다 창을 카페에서 많이 쓰는 폴딩도어로 교체하게 되면 카페처럼 특별한 공간을 만들 수도 있다. 단 폴딩도어는 레일 형태로 밀어서 열어젖힐 수 있어서 활짝 열었을 때 개방감이 있고 멋스럽지만 이중 유리만큼의 단열기능이 불가능해서 냉난방이나 결로, 곰팡이 등의 문제가 생길 수 있으므로 시공은 전문 업체와 해야 한다. 또 베란다 확장 공사를 안 했을 경우에는 베란다 바닥의 냉기를 막기 위해 조립식 데크 타일을 깔거나 도톰한 러그를 두면 좋고 거실과 베란다 바닥의 레벨을 맞추어 미장 타일 작업을 해도 괜찮다. 이렇게 베란다를 거실과 분리하여 반쯤 야외 공간으로 사용하게 되면 노을이 지는 창가에 앉아 와인을 마시는 호사를 누릴 수 있고 외부의 방해를 받지 않으면서도 안전하게 야외의 자연을 즐길 수 있는 가장 완벽하고 근사한 방법이 생기게 될 것이다.

요즘 유행하는 플랜테리어(플랜트를 이용하여 심신의 안

"지붕 아래서 햇볕을 쬐고 바람을 맞을 수 있는 작은 야외 공간인 베란다는 실내와 야외를 연결하는 통로와 같은 완충재 역할을 한다. 이렇게 볕이 잘 드는 아파트의 베란다는 잠시 쉬어 가는 나만의 아지트를 만들기에 더없이 훌륭한 공간이다."

정을 찾는 공간 인테리어)나 퀘렌시아(지친 몸과 마음을 쉬게 해주는 나만의 아지트 공간) 같은 것들을 강조하지 않더라도 아름다운 식물들은 언제나 인간의 감성적 성장에 긍정적인 영향을 끼치며, 또 자연과 가까운 환경 속에서 인간은 정서적으로 많은 위안을 받는다. 어느 나라에서 태어났든, 시골 사람이든 도시 사람이든, 사람은 모두 공통으로 자연 친화적 습성을 갖고 있어서 그린 컬러의 생명체에 본능적으로 끌리는 마음이 있다.

한 뼘만 한 베란다라도, 나만의 아지트 같은 베란다 가든을 만들어 보는 작은 사치를 부려 보면 좋겠다.

기분 좋은 첫인상, 현관

마당이 있는 주택의 경우, 집 밖의 큰 길가에서 담장을 따라 대문을 지나고 마당을 쭉 걸어 들어가면 비로소 집 안으로 진입하기 전 현관을 만나게 된다. 마당의 잔디나 흙바닥 위에 우드데크나 디딤돌을 깔아서 현관까지 안내선을 만들어 주는 이 진입로는 집으로 들어가기 전에 마음을 가다듬을 수 있게 도와주는 장치로서 집의 품위를 높여 준다.

주택이 아닌 아파트의 경우는 이런 디딤돌의 모습을 현관문과 거실 사이의 복도 공간으로 대신할 수 있다. 현관에서 거실로 이어지는 복도를 지나 거실까지 걸어가는데 이런 홀이 있는 공간에 거실 복도와 현관 사이를 분리해 주는 중문이나 가벽의 존재만으로도 현관의 기능과 가치가 훨씬 높아지기도 한다.

집으로 들어가는 사람은 현관 중문을 열고 복도를 지나 거실로 들어가는 동안 집 밖에서 안으로 들어갈 마음의 준비를 하며 잠깐의 설렘이 기분 좋게 느껴지고 마음을 차분히 가라앉힐 여유로움도 생긴다. 집 안에서 기다리는 사람으로서도 들어오는 사람을 맞이할 시간적 여유가 생겨서 좋다. 현관문이 열리자마자 너무 정면으로 거실에 있는 사람과 강제로 얼굴을 마주해야 하는 상황은 서로에게 좀 당황

스러운 일이고 그다지 유쾌하지 않을 수도 있다.

현관은 집의 내부에 해당하는 홀의 바닥보다는 한 단 낮게 두어서 공간이 심리적으로 분리돼 보이는 것이 좋다. 옛날 한옥의 대청마루와 땅바닥 간의 높낮이 차만큼은 아니더라도 신발을 벗어 놓는 우리 문화에서는 현관 바닥과 마룻바닥 간에 적당한 단의 차이를 만들거나 마감재를 분리해 주는 것이 정서적으로 편안한 느낌을 준다. 현관문 앞에 매트를 깔아 주어도 비슷한 효과가 생긴다.

현관은 오래 머무르는 곳이 아니고 집 안으로 들어가면서 스쳐 지나가는 통로 정도로 여겨지기 때문에, 집 안의 다른 공간들에 비해 그 기능의 복잡성을 인정받기가 어려워서 소홀하게 다뤄지는 경우가 많다. 하지만 현관도 다른 공간처럼 집의 사이즈에 비례해 너무 넓거나 좁지 않은 적당한 여유가 필요하다.

현관은 수납을 비롯하여 다목적으로 필요한 기능이 꽤 많다. 신발을 어떻게 정돈하고, 지금 안 신는 신발들은 어떻게 보관해야 할지 등 여유 공간이 필요하다. 또 현관에는 벤치나 스툴이 있어서 신발을 신고 벗을 때 무릎을 꿇어야 할 필요가 없으면 좋다. 벤치를 두고 그 아랫부분에 신발을 수납하기 좋게 해주거나 모양이 좋은 튼튼하고 예쁜 수납

바구니를 두어 자주 신는 신발 몇 켤레를 넣어서 보관할 수 있으면 보기에도 좋고 현관을 깔끔하게 유지하는 데 도움이 된다. 옛날 한옥의 툇마루 같은 역할을 해줄 수 있는 벤치가 있으면 운동화나 부츠를 신을 때도 유용하고, 집에 들어오는 길에 서두르지 않고 손에 든 물건을 내려놓고 걸터앉아 한숨을 고를 수도 있으며, 외출 후 외투를 벗어서 가볍게 털기 위해 들고 온 짐을 잠시 올려 두기도 좋다. 신발장이 천장까지 높은 시스템 장일 때는 현관 의자를 사다리 삼아 높은 곳에 수납한 물건을 꺼내기도 편리하다. 의자나 스툴 하나만 있으면 현관도 잠시 쉬면서 숨 고르기가 가능한 공간이라는 상징적 의미가 된다. 또 벤치 옆 벽면에 예쁜 옷걸이용 훅이나 작은 수납이 가능한 선반을 설치하면 아기자기한 현관 인테리어를 완성해 주면서 기능적으로도 바닥에 잠시 두는 물건들이 쌓이지 않게 해줄 수 있으니 좁은 현관 수납에 유용하다.

현관 인테리어

현관은 그 집의 첫인상이다. 가족들이 매일 나갔다 다시 들어오는 곳, 집의 시작과 끝이며, 집 안과 밖을 구분하고 집 안으로 들어가기 위한 마음의 준비를 하는 첫 번째 공간이

"현관 바닥 타일을 밝게 하면 때가 잘 타게 되니 어두운 컬러로 포인트를 주는 경우가 많은데 그런 경우 천장 조명을 밝게 쓰거나 바닥 쪽 간접조명을 부드럽게 레이어드해서 전체 분위기를 환하게 만드는 것이 필요하며 현관 중문도 유리 도어로 만들어서 밝고 투명한 느낌을 살려 주는 것이 좋다."

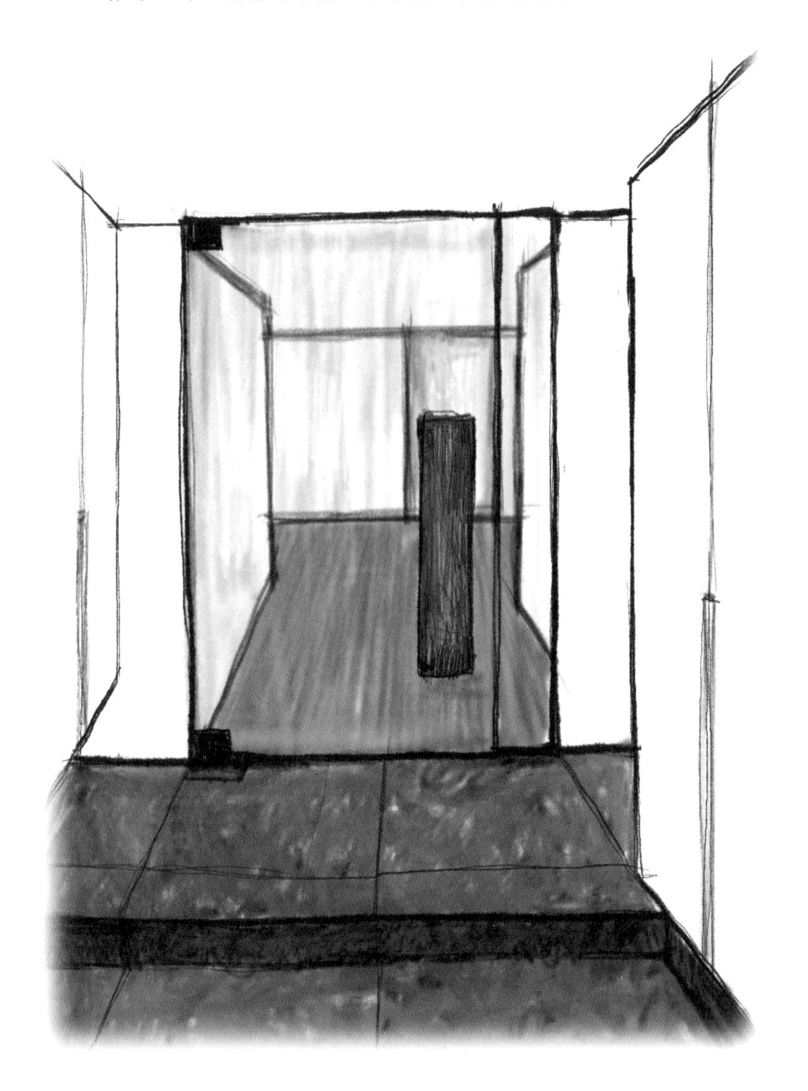

다. 때로는 타인들에게도 노출되어야 하는, 그 집의 분위기를 처음 느끼게 하는 곳이다. 사람이든 공간이든 첫인상이 너무 화려해 보이거나 지나치게 엄격해 보이면 매력적이지 않다. 현관은 적당히 깔끔하고 밝은 느낌이면 좋겠다. 집 안의 여러 공간 중에 오래 머무르게 되는 거실이나 침실, 주방 등이 햇빛이 잘 들고 전망 좋은 위치를 차지하다 보니 지나치듯 잠시 쉬어 가는 공간인 현관은 아무래도 창문이 있고 통풍이 잘되거나 해가 잘 들기는 어려운 위치에 있기 마련인데 그래서 더욱더 환기나 청결, 조명의 밝기 등에 신경을 써줘야 한다.

현관이 어수선하면 좋은 기운이 들어오지 못하고 나쁜 기운이 빠져나가지 못한다는 풍수지리적 설명이 아니더라도, 디자인적으로 현관은 너무 크게 열리고 오픈되어서 거실과 집 안이 훤히 들여다보이는 것보다는 현관을 거쳐 살짝 좁은 통로를 지나 비로소 활짝 펼쳐지며 집 안과 거실을 맞이하게 되는 모습이 심리적으로도 훨씬 더 안정감이 있는 좋은 구조이다.

현관은 항상 밝고 따뜻한 분위기가 느껴져야 하니 조명은 밝은 분위기를 유지하기 위해 전체 공간을 환하게 만드는 천장 직부등이 있어야 하고, 천장이나 바닥 쪽으로 간접조명을 부드럽게 레이어드해서 밝고 따뜻한 느낌을 내면 좋겠다. 현관 앞 복도 같은 이동이 잦은 구간에는 자동으로 켜지고 꺼지는 동작 감지 센서등을 달아 두면 편리하다. 또 구석진 현관 공간에는 따뜻한 기운을 가진 살아 있는 초록 식물이나 생명력 있는 그림 등으로 정체된 공간에 생기를 주는 것도 필요하다.

또 첫인상을 크게 좌우하는 중요한 요소는 후각을 자극하는 냄새이다. 좋은 시절에 대한 추억과 그리움을 표현할 때 그 당시의 향기에 대한 묘사가 많은 이유는 냄새가 사람들에게 잊지 못할 인상적인 기억, 특별한 이미지로 뇌에 각인되기 때문이다. 그런 이유로 집 안에 디퓨저나 향을 내는 소품을 둔다면 최적의 장소는 현관이다. 남의 집에 방문했을 때 바깥에서 안으로 진입하며 처음 느끼는 향기가 그 집에 대한 강한 첫인상이 될 수 있다. 향에 대한 알레르기나 거부감이 있다면, 공간을 깨끗하게 만들어서 나쁜 냄새를 없애는 일에 더 신경 쓰면 된다.

책이 있는 공간,
어디든 서재가 된다

인테리어 장식 소품이 되어 주는 책

나는 책을 좋아한다. '책 읽기'보다 '책 사서 모으기'를 더 좋아한다고 해야겠지만 어쨌든 서점에서 하루 종일 책을 만지작거리고 표지 디자인이 맘에 드는 책을 꺼내 휘리릭 넘겨서 펼쳐지는 페이지를 읽어도 본다. 이것저것 들여다보며 책 쇼핑을 한바탕하고 나면 집으로 돌아오는 발걸음이 책 무게 때문에 무겁기는 해도 마음만은 아직 읽지도 않은 그 책들로 헛헛하고 공허한 마음이 채워지기라도 한 듯 든든하고 뿌듯하다. 약속 장소를 일부러 서점 가까이 잡아서 기다리는 동안 잠깐이라도 들러 신간 서적을 체크해야 마음이 편안해지는 나는 그렇게 참새가 방앗간 드나들듯 서점 앞을 그냥 지나치지 못하고 자주 들락거리며 책 욕심을 부린다. 그러다 보니 집은 수납장과 책꽂이에 여유 공간이 거의 없다. 가끔 다 읽은 책들은 박스에 장르별로 정리해서 창고에 쌓아 놓기도 하고 중고 마켓에 내놓기도 하지만, 쉽게 버리거나 처분하지 못하는 이유는 언젠가 내 집, 나 혼자만의 공간을 갖게 되면 제일 먼저 천장까지 닿는 크고 멋진 책꽂이를 만들어서 아끼는 책들을 쭉 진열해 놓는 서가 인테리어를 하고 싶기 때문이다.

남의 집에 처음 방문하게 되면 그 집의 분위기나 인테리어에도 관심이 가지만 무엇보다도 책이 있는 수납장에 유난히 눈이 많이 간다. 책상이나 책꽂이에 꽂혀 있는 책들이 집주인의 성향이나 현재 관심사 등을 알려주기 때문이다. 가끔은 침대 머리맡이나 화장실에 놓인 책들이 집주인의 현재 심리상태와 딱 맞아떨어지기도 해서 책 제목을 슬쩍 대화의 주제로 삼으면 신기하게도 더 빨리 마음을 열고 친해지기도 한다.

이렇게 집주인의 성향을 잘 드러내 주는 책들은 꽤나 근사하고 훌륭한 인테리어 소품이 된다. 네모반듯한 직선들이 규칙적으로 반복되면서 건축적인 형태미를 강조해 주기 때문에 감추고 가려 놓을 필요가 없이 높낮이와 각도를 맞추는 약간의 수고로움만 있다면 어떤 공간이든 대충 쌓아 놓아도 조형적으로 아름다운 오브제가 된다. 그래서 집 안의 다른 살림살이들과는 다르게 책은 무조건 오픈 수납이 가능하다.

남자들의 로망이 된 서가 인테리어

언젠가 책을 좋아하는 동네 지인인 K 선생님 댁에 갔을 때다. 침대나 옷장이 들어갈 공간을 제외하고 거실부터 방, 주방과 현관을 포함한 모든 공간의 빈 벽체가 온통 붙박이 수납장과 연결한 책꽂이로 채워진 것을 보고 가성비 좋은 멋스러운 아이디어에 한눈에 반했던 적이 있다.

집 안의 살림살이 장식 소품들과 TV, 가전제품들까지 다 함께 벽체 책꽂이에 수납되어 책과 함께 정리돼 있어서 집 전체가 거대한 워크인 클로짓 같았다. 이렇게 책장으로 벽 마감을 하는 인테리어는 벽을 위한 도배나 칠 비용이 안 들어가고 벽을 따로 장식할 필요도 없으니 경제적일 듯하나 벽체 전체가 두꺼워지는 꼴이므로 바닥 공간이 많이 좁아지게 된다. 또 이런 경우 오픈형 책꽂이에 보이는 수납에도 신경을 많이 써주어야 하며, 문짝이 달린 여닫이 수납장을 적절히 배치해서 감추어야 하는 물건들의 수납도 가능하게 해주어야 한다. 또한 수납장 문짝의 여닫이 동선을 감안하면 공간은 더 좁아지게 될 수도 있으니 거실 벽 전체를 책꽂이로 만드는 아이디어는 집 공간이 아주 넓지 않다면 일부분에만 적용하는 것이 좋다.

사실 서재 인테리어는 40~50대 남자들의 로망이기도 하다. 집 인테리어 공사를 의뢰할 때 실제로 많은 남자들이 다른 곳엔 별 관심을 보이지 않다가 서재에 대해서는 유난히 까다롭게 적극적으로 의사 표현을 한다. 하루 종일 직장에서 시달리다가 집에 돌아와서 아이들이나 잡다한 집안일로부터 분리되어 자기만의 공간 속에 잠깐이라도 숨고 싶을 때, 서재는 이 남자 어른들에게 훌륭한 놀이터가 되기 때문이다.

사실 그런 개념의 서재는 더 이상 책을 저장하는 방이 아니다. 커다란 책장이 있는 서재에서 종일 일하느라 힘들었던 두 다리를 책상 위에 걸쳐 올리거나 지친 몸을 푹신한 의자에 기대어 놓고는 음악을 들으며 시원한 맥주 한잔으로 목을 축이는 장면은 남자들이 꿈꾸는 로망 같은 것일 테니. 하지만 도시의 좁은 아파트 생활에서 자기만의 동굴인 번듯한 서재까지 갖추고 살기가 쉽지 않은 이 시대 보통의 남자들은 거실 장식장에 책을 빽빽하게 꽂아 놓고는 소파와 한 몸이 된 채 TV 리모컨을 소유하는 것 정도로 만족하기도 한다.

어쨌든 남자들이 숨어서 쉬고 싶어 하는 공간에 책이 있었으면 하는 것은 서재에 '사색의 장소'라는 지적인 이미지를 부여하기 때문이 아닐까 싶다. 우리는 가끔 정말 아무 생각 없이 쉬고 싶을 때도 '쉼'이라는 행위에 대해 약간의 죄책감을 느끼는 것 같다. 이렇게 아무 생각 없이 비생산적으로 그냥 쉬어도 되나 싶을 때 '나는 지금 쉬는 것이 아니야. 더 생산적인 삶을 위해 지금 여기서 책을 읽으며 사색할 시간이 꼭 필요하기 때문이야.'라는 자기변명을 하게 되니까.

책을 위한 수납공간

집이 넓어서 여유로운 공간이 많거나, 특별히 글을 쓰는 직업을 가졌거나, 가족 중에 공부하는 학생이 있거나 하지 않더라도, '책상과 책꽂이'는 침대처럼 가족들 모두에게 따로 한 개씩 필요한 가구라고 생각하는데 사실 대부분 가정집은 1인 1책상이 힘든 경우가 더 많다. 침실은 침대와 화장대, 옷장으로 꽉 차버리고 거실도 큰 소파와 TV가 다 차지해 버리는 데다 그나마 작은 코너 공간들도 장식장이나 수납장, 콘솔 등이 들어차게 되니 특별히 학생이 아닌 이상 1인 1책상을 갖기가 쉽지 않다. 가능하다면 너무나 좋겠지만 물리적인 공간이 여유롭지 않아서 선택의 여지가 없는 사람들은 책을 서재나 서가 밖으로 탈출시켜 줄 수밖에 없다. 다른 사물들과는 다르게 책은 특정 주인이 필요 없는 물건이다. 취향만 같다면 가족 중 누구든 책의 주인이 될 수 있기 때문이다. 엄마가 읽던 추리소설이 딸 방에 있어도 되고 아이들의 만화책이 화장실에서 온 가족에게 읽힐 수도 있으니 책에만은 자기 수납공간을 지정해 주지 않아도 된다.

그럼에도 불구하고 나를 위한, 나의 쉼을 위한 서재 공간을 만들고 싶다면 지금부터 집 안 구석구석을 잘 살펴보자. 책이 있는 공간은 어디든 서재가 될 수 있다. 거실의 한구석이나 베란다 창가에 한 평의 자리라도 만들 수 있다면 의자와 테이블, 램프 하나로 독서 무드를 잡아 보아도 좋다. 대부분 주방에서 시간을 보내는 주부들이나 혼자 사는 사람들은 주방의 아일랜드나 식탁을 기성 제품보다 조금 더 크고 길게 제작해서 들여놓자. 여기서 신문도 접지 않고 크게 펼쳐 놓고 읽을 수 있고 또 책 읽을 때 커피나 과자봉지도 늘어놓을 수 있으니 이보다 더 근사한 서재가 또 어디 있겠는가. 부엌과 아일랜드 테이블에 딸린 널찍한 수납장에 그릇과 책이 공존하는 모습은 어딘지 고상하면서도 섹시하다. 끼니를 해결하는 데 급급한 처절한 느낌의 부엌보다는 책이 함께 있어서 견물생심으로 언제든 책을 읽을 준비가 되어 있다는 신호를 자신에게 보내게 되는 셈이니 이 또한 좋은 일이다. 혼자 밥 먹을 때도 심심하지 않고 가끔은 책이 냄비 받침으로 쓰일 수도 있으니 부엌 가까이 책이 있는 것은 꽤 유용하다. 단 주방은 물과 불을 쓰는 공간이라 종이로 만들어진 책을 장기 보관하는 장소로는 적합하지 않을 수 있겠지만 물과 불에서 최대한 거리를 둔 다이닝룸 근처의 수납공간에 두어도 되고 주방 구석에 유리 수납장을 짜서 보관할 수도 있다. 집 안 구석구석의 빈 곳을 찾아내서 서재처럼 만들어 쉬어 가는 아지트를 가져 보기를 추천한다.

침실 또한 책과 잘 어울리는 공간이다. 의사들은 숙면하려면 TV나 책은 침실에 놓지 말라고 하지만 '책과 침대'처럼 잘 어울리는 조합이 또 있을까. 눕자마자 잠이 들지 않고, 잠들기까지 시간이 좀 걸리는 편이라면, 누워서 책을 읽는 행복한 루틴을 만들어 보자. 침대 헤드보드를 책꽂이처럼 선반장으로 제작해서 테이블 램프와 함께 놓아도 좋고 평소 잠자리에 들 때 읽는 책을 침대 옆에 무심히 쌓아 놓아도 멋스럽다. 침대 옆 사이드테이블 밑이나 스탠드 램프 근처에 차곡히 쌓여 있는 책들은 침대와 잘 어울리는 소품으로 아늑한 분위기를 자아낸다.

온도 차이가 심한 다락방이나 지하실만 아니라면 책은 보관도 그다지 어렵지 않고 어디에나 잘 어울리며 약방의 감초 같은 인테리어 소품이 된다. 버리기 아까운 소장용 책들은 계단 밑이나 손이 닿지 않는 수납장 위, 현관과 거실 사이 복도처럼 지나다니는 동선들에 있는 여유 공간에 적당히 쌓아 올려놓아도 좋다.

책꽂이나 서재, 서가 인테리어 등에 전혀 관심이 없는 사람들도 많고, 책에 관심이 있다 해도 종이책보다는 전자책을 선호하는 사람들이 점점 늘어나는 현실이지만, 나는 여전

"침실 또한 책과 잘 어울리는 공간이다. 침대 옆 사이드테이블 위나
램프 근처에 차곡히 쌓여 있는 책들은 침대와 잘 어울리는 소품으로
때로는 아늑한 분위기를 자아내며 숙면 욕구를 자극하기도 한다."

히 종이책을 만지는 느낌에 설레고 책 냄새가 비싼 향수 냄새만큼 좋고, 정돈이 잘된 책꽂이가 유명 작가의 조각 작품처럼 멋있고 근사해 보인다.

언젠가 지구가 포화 상태가 되어 최소의 공간만 갖고 소유한 짐을 다 버려야 하는 극단적인 상황이 된다면, 가장 먼저 책과 책꽂이를 포기해야 할지도 모르지만, 지금은 비록 집 안 곳곳에 여기저기 모양 빠지게 널브러져 있는 사랑스러운 책들이 언젠가 높고 넓고 우아한 서가에 가지런히 꽂혀서 아름다운 자태를 뽐내게 될 날을 꿈꾸며, 나는 오늘도 종이 냄새가 커피 향만큼이나 좋은 집 앞 서점에 들른다.

의자가 만드는 공간

최소단위의 공간이 되는 의자

처음으로 내 차를 갖게 되었을 때의 설레던 기분이 아직도 기억에 생생하다. 지금 생각해 보면 내 소유가 된 자동차에 대한 기억은 물건에 대해 느끼는 소유욕과는 좀 다른, 처음 생긴 '내 공간'에 대한 설렘 같은 것이었다. 조용히 혼자 있고 싶을 때는 그저 차 안에 혼자 가만히 앉아 있기만 해도 좋았고 어디를 가든 나만의 공간이 있다는 안도감이 생겼다.

의자라는 물건이 지닌 의미는 어찌 보면 내가 자동차에 대해 가졌던 막연한 느낌처럼 가장 작은 단위의 '공간'이다. 우리말의 '멍석을 깔다'에는 공간을 마련한다는 의미가 있는데 의자는 바로 이 멍석과 같은 것이다. 낯선 공간에 뻘쭘하게 있다가도 내 몸을 기댈 수 있는 손바닥만 한 의자 하나만 있으면 갑자기 마음이 놓이고, 잠깐 기대앉아 숨을 천천히 고르는 데 필요한 정서적 안정감을 주며, 공간 안에서 나를 위한 또 하나의 작은 공간이 되어 준다.

집 안에서도 내 몸을 기대어 쉬어 갈 수 있게 최소한의 작은 공간이 되는 의자, 덴마크 사람들이 첫 월급을 타면 자기만의 의자를 산다는 것도 아마 내가 첫차를 샀을 때 느꼈던, 비록 최소한의 사이즈라도 '나만의 공간'에 대한 로망 같은 것이 아니었을까. 서양에서는 실내에서도 신발을 벗지 않고 대부분 의자에 앉아 지내니 의자는 내 집에서도 최소한의 자기만의 공간을 의미하는 중요한 오브제가 되었으며 라이프스타일에서 침대보다 더 중요한 상징적 가구의 위치를 차지하게 되었을 것이다.

의자의 다양한 쓰임

주거 공간에서 의자의 기본적 용도와 기능만으로 종류를 나누자면 집 안에 필요한 의자는 식탁 의자와 책상 의자, 소파와 안마의자, 데이베드 겸용의 라운지체어, 벤치와 스툴, 주방의 아일랜드용 바 스툴 정도가 있다.

그중에서도 가장 작은 사이즈의 스툴은 등받이나 팔걸이가 없이 시트와 다리만 있는 의자로, 의자라고 하기엔 기능적으로 매우 단순해 보이나 주거 공간에서는 사실 여러모로 쓸모가 많아서 내가 공간에 콘셉트를 더하거나 디테일을 표현할 때 자주 사용하는 아이템이다. 다른 가구들의 보조용으로 많이 쓰이는 작은 스툴 의자는 덩치가 큰 소파 옆이나 침대 곁에서 사이드테이블 대용으로 훌륭히 제 역할을 할 수 있고 방석을 깔고 좌식 생활을 할 때는 작은 티테이블처럼 쓸 수도 있다. 꽃병이나 식물 화분, 테이블 램프를 올려놓기도 좋고, 높은 곳의 물건을 꺼낼 때 사다리처럼도 쓰이며, 책을 무심하게 대충 쌓아 올려만 두어도 멋진 오브제가 된다. 스툴을 이렇게 테이블 대용으로 쓰려면 평평한 시트로 마감된 나무 소재가 가장 잘 어울리는데 동그랗고 평평한 시트와 L자형 다리 세 개가 달린 알바 알토(Alvar Aalto)의 '스툴 60'은 이런 여러 가지 쓰임에도 유용하며 사용 후에 잠시 치워 두거나 수납할 때도 여러 개를 포개어 쌓아 올려 보관하기에 좋고 겹쳐진 모양도 예쁘다. 이동할 때도 가벼워서 감성적으로나 합리적으로나 만족도가 매우 높은 가구이다.

원목으로 만든 평평한 좌판의 벤치 의자도 스툴과 비슷한 쓰임을 갖는다. 가로로 길고 늘씬한 선의 느낌이 동양적인 분위기를 강조하기 때문에 복도 벽 쪽에 길게 기대어 놓고 여백을 두고 한쪽 귀퉁이에 물건을 대충 올려만 두어도 여백의 미가 느껴지는 감각적인 공간을 연출할 수 있다. 벤치 의자는 좁은 다이닝 공간에 의자 대신 쓰기도 하는데 식탁의 양쪽에 다 벤치를 놓기보다는 식탁 테이블의 한쪽에는 등받이가 높은 식탁 의자를 놓고 반대편 벽 가까이 통로가 없는 쪽으로는 벤치 의자를 배치하면 의자를 넣었다 뺐다 하는 동선이 확 줄면서 공간도 넓게 쓸 수 있다. 또 소파 등 뒤에 두고 소파에 누워서 커피잔이나 리모컨을 잠깐 두는 사이드테이블처럼 쓸 수도 있다. 등받이가 없어 시야를 가

"벤치 의자는 소파 등 뒤에 두고 소파에 누워서 커피잔이나 리모컨을 잠시 두는 사이드테이블처럼 쓰기도 한다. 또 등받이가 없어 시야를 가리지 않으니 아무 데나 두고 긴 공간을 분리하는 파티션처럼 사용할 수도 있다."

리지 않으니 아무 데나 두어도 거슬리지 않으면서 가구의 높낮이 변화 때문에 리듬감이 생겨서 전체 공간이 넓고 조화로워 보이는 효과도 생긴다.

내 몸을 위한 가치 있는 투자

집 안의 가구들이야말로 집주인의 멋진 취향을 표현하기에 딱 좋은 수단이 되지만, 부피를 크게 차지하는 가구들은 처음부터 너무 비싸고 좋은 것들로 사 모으는 일은 피해야 한다. 특히 아직 젊어서 주변 상황에 따라 어쩔 수 없이 라이프스타일이 조금씩 변하기 마련인 사람들은, 아무리 좋은 취향을 가졌다 자부한다고 하더라도, 처음부터 고가의 가구들을 사 모으기 시작하면 아이가 생기거나 이사를 하거나 해서 인생의 새로운 변화를 맞이할 때마다 좋은 가구들이 짐이 될 수 있기 때문이다. 그럼에도 불구하고 어떤 가구든 한번 갖추어 놓게 되면 생각보다 꽤 오래 쓰게 되는 물건이니, 특히 의자 같은 것은 경솔하게 유행을 따라가거나 싸구려 카피 가구를 세트로 구매하는 것은 절대 피해야 할 일이다.

가장 부담 없고 쉽게 살 수 있는 가구 중 하나가 의자라고 생각하는 사람들도 많겠지만 적어도 그 존재감만으로 본다면 사실은 의자가 가장 고급스러운 값어치를 가진 가구여야 한다. 사람이 건강하게 잘 자기 위해 좋은 매트리스를 써야 하고, 잘 걸어서 좋은 곳에 다니기 위해 발이 편한 좋은 신발을 신어야 하며, 좋은 자세와 건강한 척추를 위해서는 허리를 편안히 받쳐 줄 좋은 의자가 필요하다. 의자는 작은 사이즈에도 불구하고 기능적으로 다른 가구들에 비해 가장 까다롭다고 할 수 있다. 완벽한 균형과 조형미를 갖추어야 하면서 오랜 시간 손이 많이 타도 쉽게 변형되지 않을 만큼 가벼우면서도 내구성이 좋아야 하고 과학적, 예술적인 디테일이 필요한 까다로운 가구이기 때문이다.

오래도록 변치 않을 가치를 가진 가구에 투자하고 싶다면, 다른 가구에 비해 사이즈는 작지만, 좋은 의자를 경험해 보는 것을 추천한다. 좋은 의자는 내 몸을 위해서, 나중을 위해 좋은 투자가 될 수도 있다. 좋은 브랜드, 우수한 품질의 의자는 시간이 지날수록 가치가 올라가고 매력이 더해지는 예술 작품으로 취급해도 무방하다. 몇 년 지나 유행이나 취향이 바뀌면 구식의 촌스러운 중고품으로 보일까 두려워서 고가의 의자를 선뜻 구매하기가 망설여진다면 충분히 시간을 갖고 나만의 취향을 만들려고 노력해 보자. 좋은 취향으로 고른 좋은 의자는 지금 당장 내 몸을 편안하게 하고, 심지어 훗날 자녀들에게 대를 이어 물려주어도 시계나

“창가나 방 한구석에 스탠드 램프와 함께 무심하게 놓인 의자는
굳이 앉아서 머물지 않더라도 평온하게 마음이 놓이는
정서적 안정감을 주는 풍경이다.”

보석처럼 빈티지 아이템으로 제 가치를 인정받을 수 있을 것이며 또 근사한 취향의 의자 하나가 자녀들에겐 '부모님의 취향'을 추억하게 만드는 소중한 물건이 될 수도 있을 것이다.

"미드센추리 디자인체어들은 그 레거시가 가진 존재감만으로 공간의 분위기를 바꿔 주는 데 훌륭한 역할을 해준다. 식탁의자를 톤(TON) 체어로 바꾸면 우리 집 주방이 프랑스 카페처럼 낭만적인 분위기로 변신할 것이다."

물건들의 휴식 시간,
잠시 두는 곳

수납공간을 벗어난 물건들이 잠시 머무는 공간 만들기

주거 공간 안에는 정해진 용도에 맞게 꼭 필요한 공간이 있어야 하지만 그 외에도 특별한 목적 없이 쉬어 갈 수 있는 공간들이 필요하다. 또 이렇게 가족들이 목적 없이 머물고 쉬어 가는 공간을 만들기 위해서는 물건들의 거치가 거슬리지 않아야 하니 물건을 사용 중일 때도 잠깐씩 '두는 공간'을 마련해 줄 필요가 있다. 물건들이 정해진 수납장소를 이탈해서 다른 곳에 돌아다니고 있는 경우는 가족들의 행동을 관찰해 보면 답이 있다. 우리는 무의식중에도 계속해서 물건들을 이리저리 옮겨 놓고 다니며 집 안을 어지른다. 전자제품을 충전하기 위해 잠시 두는 공간, 다 마른 빨래를 걷어서 잠깐 펼쳐 놓고 개키기 위한 공간, 쓰레기를 분리해서 재활용품들을 내보내기 직전에 잠깐 모아 두는 공간 등 이동 중인 물건들을 잠시 두는 공간들은 원래 제 기능 외에 다른 목적이 더해질 때도 있고, 물건들을 잠시 두기 위한 목적만으로 만들어지기도 한다.

청소와 정리, 정돈을 아무리 열심히 하고, 수납을 완벽하게 해 놓아도 수시로 꺼내 사용해야 하는 물건들을 사용하자마자 매 순간 다시 제자리로 돌려놓으면서 바쁜 일상을 살기가 쉽지 않다. 따라서 사용 중인 물건들이 제자리를 벗어나도 잠시 두는 자리나 사용 직전에 대기하는 장소들이 '임시 수납'으로 제 역할을 잘해 주어야 생활 공간이 순식간에 어질러지며 삶의 질을 떨어뜨리는 사태를 방지할 수 있다.

전자제품들의 충전을 위해 쉬어 가는 곳

집 안에서도 종일 몸에 지니고 다니는 휴대폰은 사실 정해진 자기 자리가 없어서 집에서도 수시로 잃어버리고 다시 찾기를 반복한다. 어딘가 한군데 자리를 정해 잠시 머무르게 할 수 있다면 온 집 안을 뒤지며 찾아다닐 필요가 없어진다. 집 안 어딘가에 가족들 모두가 사용하는 전자제품 충전 장소가 있으면 곳곳에 멀티탭이나 전선들이 지저분하게 전기선 뭉치를 만드는 것을 막을 수 있고, 사용하지 않는 시간 동안 충전도 계속할 수 있어 따로 신경 써서 충전을 위한 시간을 내지 않아도 된다.

가족들의 동선이 자주 겹치는 공간인 주방 아일랜드 테이블도 좋고 다이닝룸 식탁 옆에 수납용 스펜스(spence, 그릇장)나 외출 전 마지막으로 거쳐 지나가는 현관 수납장 같은 곳도 좋다. 카페나 음식점에 있는 셀프서비스 테이블처럼 전자제품을 한곳에 모아 두는 충전용 스테이션을 만들어 주고 휴대폰이나 태블릿PC 거치대와 케이블 정리함

“전자제품을 한곳에 모아서 충전용 스테이션을 만들어 주면
지저분한 멀티탭과 전선을 한군데 깔끔하게 정리하기 좋다.”

을 진열해 놓으면 지저분한 선들을 한군데 깔끔하게 정리하기도 좋고 잠시 두는 물건들이 거슬리지 않고 멋지게 머물러 있게 된다.

잘 마른 빨래들이 쉬어 가는 곳

집안일 중에서 내가 제일 좋아하는 일은 바짝 말라서 보송보송해진 빨래를 개는 일이다. 좋은 냄새가 나는 패브릭을 만질 때의 감촉이 너무 좋고, 탁탁 털어서 구김 없이 곱게 잘 개켜 놓은 옷가지들을 보면 기분이 상쾌하고 행복해진다. 잘 빨고 말려서 깨끗해진 수건이나 옷가지들, 침대 시트, 아직 다림질 전인 셔츠 등도 각각의 자리나 옷장으로 이동하기 전에 머무를 곳이 필요하다. 다 마른 빨래를 털고 개켰으면 곧바로 옷장에 갖다 넣는 일까지 한꺼번에 마무리하면 좋겠지만, 수납해 두어야 할 최종 목적지가 각기 다른 빨래들을 이 방 저 방 돌아다니며 넣어 두는 일까지 마무리를 하려면 생각보다 시간이 오래 걸린다. 혹시라도 중간에 급한 일이 생겨서 빨래 개는 일을 중단해야 할 때는 다 마른 깨끗한 빨래들을 그냥 마룻바닥에 흩어진 채 두기는 영 마음이 개운치 않으니 임시로 담아 두는 바구니가 있으면 딱 좋다. 또 건조기에서 방금 빠져나온 따뜻한 빨래나, 햇빛 아래서 말린 빨래들이라도 수납장 안에 들어가기 전에는 공기 중에서 한소끔 습기를 완전히 날려 보내고 바짝 건조한 후에 옷장에 넣는 것이 옷의 수명을 길게 하기 때문에 다 말라 걷어 놓거나 개켜 놓은 마른 빨래들이 쉬어 갈 장소가 필요하다.

숨 쉬는 천연 소재로 만든 라탄바구니는 옷들이 수납장에 들어가기 전, 잠시 넣어 두기에 가장 좋은 임시수납 장소이다. 천연 소재의 라탄바구니처럼 생김이 아름다운 수납 바구니들은 물건을 임시로 잠시 넣어 두는 용도로 쓰기에 제격인데 이동해야 할 물건들이 잠깐씩 바구니를 채우고 있을 때도 그 용도가 확실하지만, 물건들이 다 떠나고 비어 있을 때도 하나의 오브제로 장식적인 역할까지 잘할 수 있기 때문이다. 비누 냄새를 솔솔 풍기는 잘 마른 빨랫감들을 이 아름다운 라탄바구니에 담아서 거실 콘솔 위나 소파 옆 사이드테이블 위에 놓아두면 가족들이 오가다 자기 빨래는 알아서 챙겨 갈 수도 있고, 옷장이나 세탁실에 없는 옷은 항상 거실 라탄바구니 안에 있다는 것을 알고 있으니 찾아다니느라 힘들이지 않아도 된다.

습기와 곰팡이 없는 보송보송한 주방을 위해

집 안에서 욕실과 주방은 곰팡이 문제에서 벗어날 수 없는, 가장 신경 쓰이는 곳이기에 조금 예민하다 싶을 만큼 습도를 컨트롤하기 위해 애써야 한다. 하루에도 여러 번 식사 시간 전후로 수도꼭지가 마를 틈이 없는 싱크대 주변의 식기 건조대는 설거지를 마친 그릇들이 잠시 머무르며 물기를 말리기 위해 대기 중인 곳이다. 설거지 후 그릇들은 어느 정도 마른 후에 남은 한 방울의 물기까지 마른행주로 깨끗이 닦아 내면 원래 있던 수납장으로 돌아간다. 그러니 식기 건조대는 그릇의 물기를 제거하기 위해 아주 잠시 쉬어 가는 곳일 뿐, 대부분 비어 있어야 하는 물건이다. 물을 쓰는 곳에 있어야 하는 물건이니 소재는 스테인리스가 물때도 잘 안 끼고 녹슬지 않아 적합하다. 식기세척기를 사용한다면 따로 건조대가 필요 없다고 할 수도 있지만, 그때그때 잠깐 사용하는 컵이나 접시, 숟가락 등을 물로 헹궈서 잠시 둘 수 있는 최소한의 공간적 여유가 있어야 주방 싱크대 주변을 깔끔하게 유지할 수 있다.

설거지를 마친 식기들은 세탁 후의 빨래들처럼 해가 잘 드는 창가에서 햇볕을 쬐며 보송보송 기분 좋게 일광욕을 할 수 있다면 좋겠지만 물 빠짐 때문에 싱크대 주변에 있어야

“천연 소재의 라탄바구니는 그 형태나 사이즈별로 여러 가지 용도로
사용하기 좋고 다양한 연출이 가능하여 장식을 겸한 수납용으로
사용하기에 적합하다.”

해서 자리 이동이 힘든 식기 건조대는 싱크대의 위치가 창가가 아니라면 그늘진 곳에서 오래 버텨야 할지도 모른다. 나무로 만든 주걱이나 젓가락, 도마, 대나무 찜기처럼 속까지 바짝 말려야 하는 물건들은 통풍이 잘되는 장소에 마른 행주를 깔고 하룻밤 지내며 잘 펼쳐 말려서 한 방울의 습기도 남기지 않도록 신경을 써야 꿉꿉한 냄새가 나지 않는다. 주방은 습기나 온도 등을 예민하게 관리하지 않으면 곰팡이나 세균에 노출되기 쉽고 냄새도 관리하기 힘들어지므로 젖은 행주나 그릇들을 바짝 건조하기 위해 물건들이 통풍이 잘되는 위치에 잠시 쉬어 가도록 임시수납 시스템을 꼭 만들어 주어야 한다.

재활용 물건들이 쉬어 가는 분리수거

하루 종일 집에 있다 보면 우리가 하루 동안 만들어 내는 쓰레기의 양이 엄청나다는 것을 새삼 실감하게 되는데 과자 한 봉지를 먹어도 종이와 비닐 쓰레기가 같이 생기고 택배라도 받는 날은 물건의 크기와 상관없이 재활용 패키지 쓰레기들이 잔뜩 생긴다. 이렇게 매일같이 가득 채워지고 자주 비워져야 할 재활용 쓰레기들은 처음에 주방이나 다용도실에 있는 분리수거용 쓰레기통에서 모이겠지만 최종

“쓰레기가 가장 많이 나오는 곳 가까이 주방 근처에 쓰레기 분리수거를 위한 전용 공간을 만들어 주는 것이 좋다.”

적으로 집 밖에 있는 분리수거함으로 이동하기 전까지 동선이 길어서 잠시 쉬어 가야 할 공간들이 필요하다.

음식물 쓰레기에 분리수거용 쓰레기까지, 쓰레기들은 쓰레기가 가장 많이 나오는 곳 가까이인 주방 근처에 전용 공간을 만들어 주는 것이 좋다. 또 쓰레기들이 주방에서 모여 밖으로 나갈 때까지도 주방에 머물러야 하니 더러운 상태로 오래 방치되지 않게 하고 물기가 있는 쓰레기는 꼼꼼하게 잘 분리하고 보관할 수 있게 보관 장소를 따로 만들어 주어야 한다. 주택의 경우는 부엌에서 바로 밖으로 통하는 뒷문이 있으면 이동 동선을 줄일 수 있으니 좋고, 뒷문 근처에 쓰레기봉투가 잠시 머물 수 있는 장소를 만들어 주면 마지막까지 쓰레기봉투를 깔끔하게 잘 관리할 수 있다. 아파트의 경우는 부엌에서 거실을 통하지 않고 바로 현관으로 연결된 길이 있으면 동선이 줄어서 좋겠지만 대부분 쓰레기를 버리려면 주방에서 거실을 통과해서 현관으로 가야 하기에 물기가 없고 부피가 큰 재활용 쓰레기들은 현관의 워크인 클로짓 같은 곳에 따로 모아 둘 수 있게 임시 보관 장소를 만들어 주어야 한다. 또 현관에 매트나 신발을 보관하는 트레이가 있으면 가지고 나가야 할 쓰레기봉투들을 맘 편히 잠시 놔둘 수도 있으니 현관에 수납 자리를 여유 있게 만들어 주면 좋다. 재활용품들을 포함한 쓰레기들이 내 집 안의 코너마다 잠시 들러 머무는 동안에도 흔적을 남기지 않고 깨끗하게 지나갈 수 있게 임시 보관 장소를 마련해 주는 것이 주거 공간을 깔끔하고 우아하게 지켜 내는 방법이다.

보여 주고 싶은 거실 공간

3

거실의 캐릭터

거실 또는 응접실

거실은 손님을 접대한다는 의미의 '응접실'이나 사교적 모임을 하는 '살롱'의 개념을 갖고 있다. 집 안에서 가장 격식 있고, 공개된 공간으로 넓고 멋지고 장식적이기를 기대하게 되는 공간이다. 하지만 요즘은 점점 더 가족의 단위가 작아지면서 구성원들 각자의 개성을 존중하며 혼자만의 시간을 중요시하다 보니, 다 같이 모일 수 있는 공동 영역인 거실보다는 욕실이나 주방, 다용도실, 드레스룸 등 각각의 다양한 기능을 가진 공간들을 더 필요로 하며 확장하게 되는 추세이다. 거실도 '손님을 접대하기 위한 공간'이라기보다는 집에 사는 사람들의 개인적인 활동 영역을 더 넓게 연장하는 개념으로 발전하게 되면서 옛날 '거실'의 역할들은 많이 줄어들게 되었다. 또 1, 2인 가구가 절대적으로 늘어나게 된 현대 사회에서 해가 제일 잘 드는 거실은 주방이나 침실로 확장되는 등, 또 하나의 다른 기능을 가진 넓은 방의 개념으로 쓰이기도 하며 그 용도와 역할이 더욱 다양해지기도 했다.

비록 그 옛날 거실이 가졌던 위엄과 지위는 약해졌지만 그럼에도 여전히 거실은 집의 구조와 흐름에 숨통을 트이게 하는 역할을 하며 각종 공동 영역의 물건들이 수납되어야 하고 가족들이 모여 앉아 '함께'할 수 있는 '만남의 광장'이고, 휴식하는 '라운지'이며 실내 공간 속의 '중정'이나 '마당'처럼 에너지 넘치고 활기찬 공간이기도 하다.

남의 집 거실 구경하기

집을 보면 집주인의 취향이나 성격을 짐작할 수 있는데, 그중에서도 거실은 보여 주고 싶은 모습으로 자기 자신을 가장 많이 표현하는 곳이기도 하지만 설령 의도하지 않았더라도 집주인의 성향이 고스란히 느껴지는 공간이다.

얼마 전에 지인의 집들이에 초대받아 다녀왔는데 유명한 건축가에게 비싼 설계비를 들여 야심 차게 지은 요즘 유행하는 복층 스타일의 모던한 주택이었다. 인테리어는 나무랄 데가 없이 근사했다. 잡지에서 본 듯한 화려하고 예쁘게 잘 꾸며진 공간, 유행하는 디자인의 고가의 수입 소파, 흠집 하나 없는 눈부시게 흰 대리석 티테이블, 유명한 디자이너 작품인 조각 같은 암체어와 플로어 램프까지, 거실 풍경은 그야말로 입이 떡 벌어질 만큼 화려하고 완벽했다. 집주인은 그 멋진 소파를 빨리 가져오기 위해 유럽에서 추가 요금을 지불하며 힘들게 비행기에 실어 오게 된 속사정과 테이블을 디자인한 유명 디자이너의 인생 스토리까지, 갤러

"거실은 집주인의 취향이 가장 잘 드러나는 공간이다. 물건마다 재미있는 스토리가 있는, 남의 집 아름다운 거실 풍경을 들여다보는 일은 흥미진진한 소설책 한 권을 밤새워 읽는 것처럼 즐겁고 설레는 일이다."

리의 큐레이터처럼 자세히 설명해 주었다. 부러움에 감탄을 내지르던 우리는 감히 함부로 앉으면 안 될 것같이 새침하게 반지르르한 소파와 흠집이라도 날까 봐 기댈 수 없었던 대리석 테이블을 조심스레 피해 가며 그 '완벽한 거실'을 포토존으로 열심히 사진을 찍어 댔다.

집들이가 끝나고 집에 돌아오는 길에 우리는 모두 갑자기 알 수 없는 피곤함에 급속히 지쳐 버렸다. 특별한 공간에 대한 집주인의 취향이나 콘셉트, 집 안 물건에 숨은 의미같이 재미난 이야기를 기대했던 우리는 집주인과 상관없는 남의 나라 디자이너 선생님의 인생 스토리에 주눅만 잔뜩 들어 피곤해져 버린 것이다. 아름답기보다 그저 화려하기만 했던, 공간 전체가 예술작품 같았던 거실은 마치 촬영을 위해 완벽하게 세팅해 놓은 세트장처럼 어색하고 불편했다. 비싼 가구와 소품들로 가득 채워진, TV 속에 나오는 '부자의 집' 같던 그 거실은 최고급 호텔 로비처럼 으리으리했지만 멋지거나 고상해 보이진 않았다. 세상에서 가장 멋이 없는 거실은 인테리어 잡지나 가구매장 카탈로그에나 나올 법한 완벽한 거실인 것 같다. 내가 생각하는 아름다운 거실은 완벽하게 장식되지 않았더라도 집주인의 독특한 취향이 반영된, 기분 좋은 편안함이 있는, 그런 따뜻한 공간이다. 그 집에 사는 사람들의 살아온 이야기가 담겨 있고 정성껏 가꾸고 돌봐 온 흔적이 남아 있는 조금 특별한 거실 공간, 그렇게 아름다운 남의 집 거실 풍경을 엿보는 일은 흥미진진한 소설책 한 권을 밤새워 읽는 것처럼 즐겁고 설레는 일일 것이다.

추억 속의 거실 이야기

추억 속 아름다운 거실 풍경

우리가 살면서 가끔씩 발견하게 되는 누군가의 아름다운 거실, 시간이 많이 지난 후에도 기억 속에서 잊히지 않는 이상적인 거실의 풍경들은 유행하는 비싼 가구와 소품이 완벽하게 세팅된 공간은 아니었다. 오히려 내 기억 속에 무척 매력적으로 남아 있는 몇몇 거실들은 집주인의 창조적인 성향이 너무 잘 표현되고 드러났던, 지금 와서 기억을 떠올리면 살짝 촌스럽게 느껴지기도 하는 공간들이다.

예전에 우연히 들렀던 교수님 댁 거실에서 사이드테이블 대신 쓰이던, 네 다리가 다 접히는 소반이 생각난다. 심지어 그 소반을 덮고 있던 테이블보는 이국적이고 화려한 꽃무늬 패턴 원단이었는데, 소박했던 교수님의 취향과 전혀 어울리지 않아 눈에 띄었다. 아마도 어디선가 얻어 온 보자기 같은 천으로 소반의 차가운 철제 다리를 가리고 싶으셨던 것 같다. 책을 좋아하시는 교수님 댁 거실은 온통 책으로 둘러싸여 발 디딜 틈도 없었는데, 그 조그만 소반이 거실 한가운데 무척 생뚱맞고 언밸런스하게 포인트가 되어 주면서, 가끔 엉뚱해서 웃음이 지어지는 그분의 평소 캐릭터와도 참 잘 어울렸다는 생각이 든다.

또 내가 좋아하는 거실 풍경 하나는, 어린 시절 같은 동네

"내 추억 속에서 아름답게 기억되는 거실 풍경은 집주인의 분위기와 매력적인 아우라가 느껴지는 소박하지만 특별한 공간들이다."

에 사셔서 자주 놀러 갔던 친척 할아버지 댁 거실인데 그 예쁜 거실엔 꽃무늬 자카르(Jacquard, 자카드) 원단으로 씌워진 패브릭 암체어(안락의자) 옆에 오래된 바실리 체어가 놓여 있었다(그때 난 그 의자가 그 유명한 마르셀 브로이어의 바실리 체어인지 당연히 몰랐지만). 오래돼서 진하게 태닝된 격자 패턴의 우드 플로어링 마룻바닥과 그 옛날 주말의 명화 속 비비언 리의 드레스 자락같이 자르르 흐르는 듯 반짝반짝하고 빈티지한 레이스 커튼이 함께 보였던 그 거실의 모습이 어린 내 눈에도 무척 아름답다고 느껴졌다. 이제는 돌아가신 할아버지를 떠올리면 난 그때 그 집 거실 풍경이 떠오르고, 꽃무늬 패브릭 암체어에 기대앉아서 땅콩과 맥주를 드시며 신문을 보시던 할아버지와 빨간색 모직 코트와 머플러를 멋지게 소화하시던 좋은 취향을 가지신 멋쟁이 할머니가 무척 그리워진다. 아름다운 추억 속의 그 집 거실에서 어린 시절의 나는 많은 영감을 받아 상상력을 키웠고 할머니의 좋은 취향들에 감동했던 기억이 있다. 물건도 많고 책도 많이 쌓여 있던 내 추억 속 그 거실 공간들은 유행이 지나도 절대 변하지 않을 것 같은 집주인의 특별한 분위기와 매력적인 아우라가 느껴지는 공간이었다.

소중한 물건으로 채워지는 거실

아름다운 거실을 만들기 위해서 유행하는 트렌드를 공부할 필요는 없고 어느 집에나 있는 거실용 가구 세트를 완벽하게 갖추어야 할 필요도 없다. 추억이 있는 액자나 아름다운 꽃병 한 개만으로도 아름다운 거실을 꾸밀 수 있다. 중요한 것은 그 공간을 소중하게 아끼고 돌보며 그 마음을 즐길 줄 아는 집주인의 마음과 태도이다.

내 지인 한 명은 텔레비전을 올려놓을 맘에 드는 AV장을 못 구해서 꽤 오래도록 TV를 사이즈도 안 맞는 작은 벤치 의자 위에 올려놓고 지내다가 어느 날 돌아가신 외할머니 댁에서 전부터 탐내던 할머니의 애장품 뒤주를 얻어와서는 TV장으로 썼는데 모던한 가구들 사이에서 골동품 같은 그 오래된 가구는 의외로 빈티지하면서도 시크하게 잘 어울렸다. 그 친구는 자기 집을 방문하는 사람들에게 사랑하는 할머니와 뒤주의 스토리를 들려주면 다들 탐내며 부러워한다면서 좋아했다. 공간에도 안 어울리는 텔레비전 수납장을 대충 타협해서 급하게 세트로 샀더라면 분명히 오랫동안 후회했을 거라면서 좋은 물건을 알아보는 자신의 센스 있는 선택을 스스로 무척 만족스러워한다. 내 공간을 아름답고 의미 있는 물건들로 하나씩 채워 가며 느끼는 만족감이 얼마나 뿌듯할지는 짐작이 가고도 남는다.

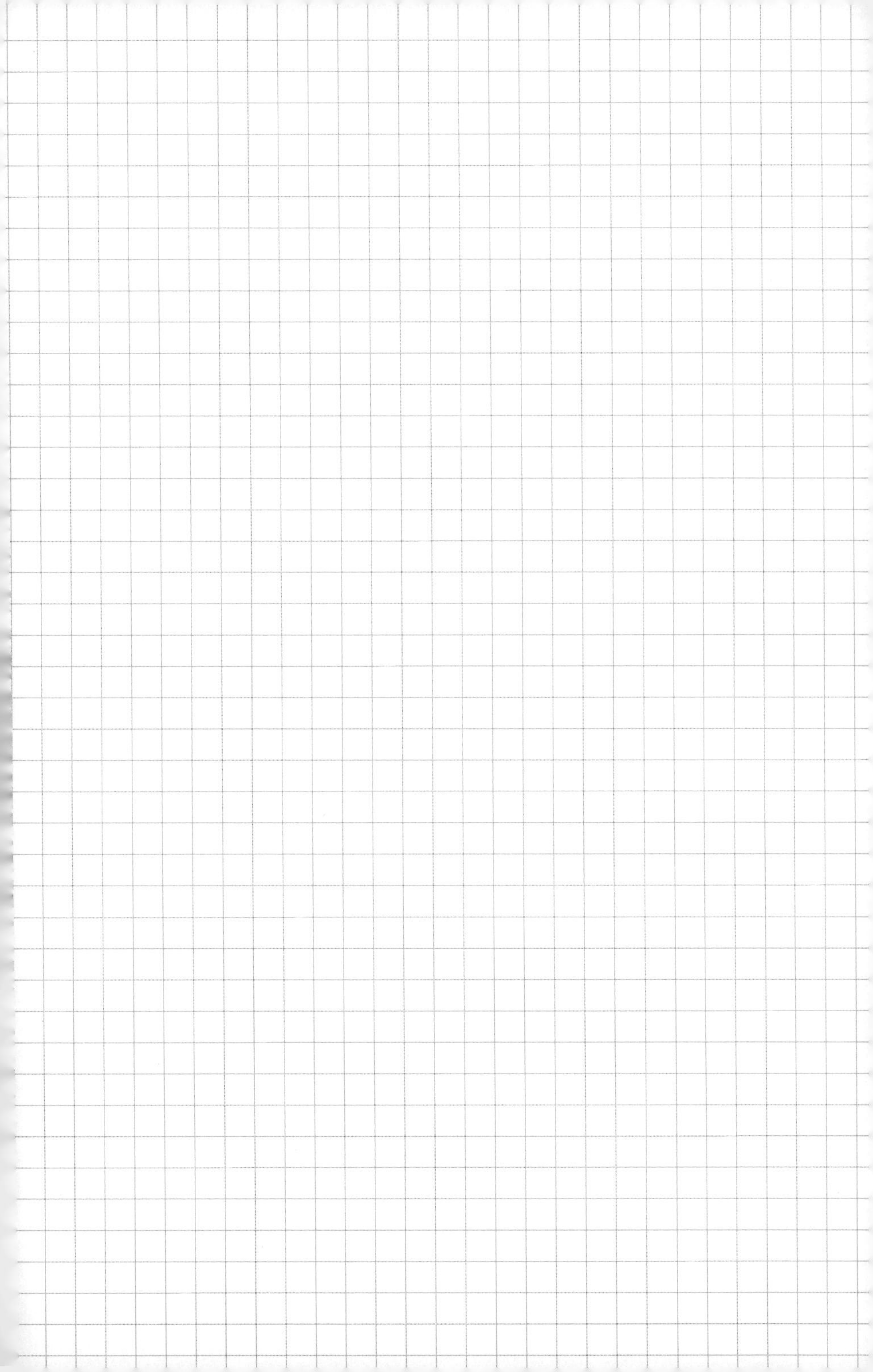

거실용 가구 세트의
고정관념에서 벗어나기

취향이 반영된 거실용 가구 세트

거실용 가구 세트로 가장 유명한 삼총사인 소파와 티테이블, 텔레비전 세트는 거실 사이즈가 크든 작든 요즘의 거실에 꼭 필요한 대표적인 아이템이 되었고 여기에 러그와 플로어 램프까지 붙여 주면 독수리 5형제처럼 완벽하게 모든 것을 갖춘 오늘날 '보통의 거실 풍경'이 만들어진다.

텔레비전과 램프는 엄밀히 말하면 가전제품으로 가구와 다른 물건으로 여겨진다. 하지만 냉장고를 포함한 요즘의 가전제품은 집 안 공간에서 가구와 함께 조형미를 가진 오브제로서 역할을 해주기에 가구 카테고리에 넣어도 무리가 없을 것 같으니 텔레비전은 이제 거실용 가구 세트의 대표 주자인 것이 확실하다.

그렇지만 나는 항상 텔레비전은 거실이 아닌 다른 곳에 있어야 한다고 생각한다. 텔레비전이 백해무익한 바보상자라고 생각한다거나, 가족들이 대화를 나누고 함께하는 시간을 갖는 데 방해가 된다거나, 시커먼 브라운관이 거실 인테리어에 안 어울린다는 이유 때문이 아니다. 오늘날의 텔레비전은 지극히 개인적이고 필수적인 아이템이라서 각자의 방으로 끌고 들어가야 한다. 요즘의 텔레비전은 콘텐츠도 너무 다양해서 각자 개인의 관심사와 취향에 맞는 채널 선택권을 따로 가져야 하기에 혼자 사는 공간이 아니라면 컴퓨터나 핸드폰처럼 텔레비전도 이제 개인용 장비가 되었다고 생각하기 때문이다.

그럼에도 대형 텔레비전이 각자의 좁은 방으로 들어가기엔 너무 부담스럽고, 가족과 함께하는 공간에서 오락용 놀이기구로 쓰이기 위해 거실용으로도 꼭 필요하다면, 텔레비전 한 대쯤은 거실용 가구세트 중 하나로 여겨 거실에 두는 것도 괜찮다. 가족들이 함께 텔레비전 앞에 둘러앉아 과일도 먹고 차도 마시며 수다를 떨어도 좋고 맥주와 팝콘을 들고 앉아 함께 영화를 보고 스포츠 경기를 즐길 수 있는 공간도 집 안에서는 거실의 텔레비전 앞이 가장 적합할 것이다.

다만 거실용 텔레비전을 고를 때조차도 가구를 선택할 때처럼 취향이 반영된 선택이면 좋겠다. 영화를 직업적으로 봐야 하거나 관련 업계 종사자도 아니면서 전자제품 매장의 영업사원들 얘기만 듣고 무조건 큰 사이즈의 최신상 벽걸이형 스타일을 고집하지 말자. 공간의 사이즈와 비율은 고려하지 않은 채, 작은 거실에서 거대하고 시커먼 네모 박스를 끌어안고 살면서 답답해하지 않았으면 좋겠다. 거실에서 그나마 가장 넓은 벽 공간이 텔레비전으로 다 뒤덮이는 건 정말 너무나 멋없고 촌스럽다. 또 이렇게 모닥불 앞

"거실을 위한 가구세트들로 고정관념에 사로잡힐 필요는 없지만 필요에 의해 들여놓은 소파와 티테이블, TV, 플로어 램프, 러그와 식물화분들을 배치할 때는 나의 라이프스타일에 어울리는 적당한 레이아웃을 찾아내야 산만하지 않은 편안하고 아늑한 거실을 만들 수 있다."

에 둘러앉듯 다 같이 모여 앉기 위해서 이동이 어려운 큰 소파 덩어리는 당연히 텔레비전을 마주하는 자세로 세팅되어야 할 것이고 결국 재미없고 딱딱한 거실 레이아웃에서 벗어나기 어렵다.

거실에서 가장 큰 가구인 소파와 테이블, 또 텔레비전의 위치를 공식처럼 콘센트 위치 가까이, 거실의 제일 큰 벽 앞에만 두어야 한다는 고정관념을 버리면 훨씬 더 자유롭고 창조적으로 아름다운 거실을 만들 수 있다.

동선을 고려한 거실 가구 배치에 대하여

거실에서 가장 중요한 가구가 소파라는 것에는 동의하지만, 모든 거실에 길고 거대하고 칙칙한 컬러의 4인용 가죽 소파가 꼭 필요하다고 생각하지는 않는다. 4인용 소파라 해도 실제로 텔레비전을 시청할 때는 3~4명씩 긴 소파에 쭉 정렬해 앉게 되지는 않을 테니 결국 한 사람이 길게 눕거나 한두 명이 비스듬히 기대앉기 위한 것인데, 그러기엔 가로로 긴 4~5인용 소파 자체가 그다지 편안한 모양도 아닐 것이다. 게다가 긴 소파가 텔레비전과 평행으로 마주 보게 되는 레이아웃은 공간을 경직되게 만들어서 그다지 아름답지도 않다. 차라리 길이가 짧은 2인용 소파를 텔레비전과 ㄱ자로 만나는 방향으로 두거나 긴 소파 대신 각기 모양이 다른 1인용 암체어 두세 개를 자유롭게 배치하여 변화를 주는 것도 좋은 방법이다.

거실이 좁고 세로로 긴 스타일이라면 중간에 영역을 나눠서 한쪽은 콤팩트한 스탠드형 텔레비전과 암체어를 한 세트로 묶어 배치해 놓고 남은 공간은 여백의 미를 갖게 별다른 용도 없는 좌식 공간을 허락해 주는 것도 좋겠다.

거실이 와이드한 최신형 텔레비전을 두고도 남을 만큼 충분히 넓은 사이즈더라도, 텔레비전을 사용하지 않고 꺼놓는 시간 동안은 한쪽 벽면에 시커멓게 뻥 뚫린 네모난 구멍이 생기는 것이니 그다지 보기 좋을 리 없다. 그럴 때는 텔레비전을 위한 AV장을 따로 사지 말고 거실용 장식장과 수납을 겸할 수 있는 심플한 수납장을 제작하는 것도 좋은 방법이다. 일부는 장식 소품을 진열할 수 있게 오픈장으로 만들고, 거실의 잡동사니 수납도 가능할 수 있게 서랍장도 넣고, 텔레비전은 미닫이문 안쪽으로 매립될 수 있게 해서 사용하지 않는 평상시에는 빈 벽처럼 닫아 놓게 만들어 주면 텔레비전 위에 뽀얗게 먼지가 쌓이는 일도 없어져서 청소 스트레스도 줄일 수 있으니 일석삼조의 만족감을 얻을 수 있을 것이다.

거실이 너무 좁아서 사이즈가 큰 티테이블이 부담스

〈거실용 가구세트와 러그 배치 레이아웃〉

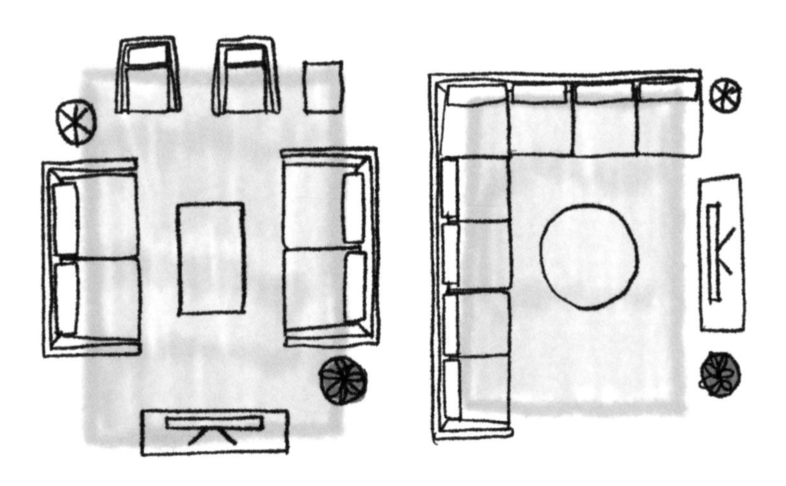

"러그는 가구의 사이즈와 형태에 맞아야 한다. 러그의 길이는 소파의 전체 길이보다 양쪽으로 15~20cm 정도씩 튀어나오는 것이 좋고, 러그의 폭이 가구를 다 올려놓기에 모자란 길이라도 소파 앞다리를 포함하여 소파 폭의 3분의 2 정도는 러그 안쪽으로 걸쳐지게 올려놓아야 안정감이 생긴다."

"메인 소파를 벽 쪽에 붙여서 등지고 세팅할 때, 러그는 벽에서 20~50cm 떨어지게 여유를 두고 배치하는 것이 좋다."

럽다면 작은 크기의 사이드테이블을 여러 개 두고 사용하는 것도 좋다. 반대로 거실이 너무 넓어서 티테이블까지 거리가 멀 때도 작은 사이드테이블이 필요하다. 앉는 자세에 따라 손이 닿는 위치마다 이동해 놓고 쓰기도 쉽고, 방석과 쿠션만 두는 좌식 영역에서도 낮은 높이의 사이드테이블은 작은 테이블처럼 사용할 수 있으니 무척 유용한 아이템이다.

아름다운 거실을 위해 거실용 가구 세트가 하나도 없어도 괜찮지만 은은한 불빛의 플로어 램프 하나 정도는 포기하지 말자. 거실엔 커다란 샹들리에보다 플로어 램프나 콘솔테이블 위의 테이블 램프같이 분위기 있고 은은한 불빛이 더 잘 어울린다. 넓은 공간 전체를 밝고 균일하게 비추는 큰 조명을 계속 켜놓고 있는 것보다는 거실 코너마다 두세 개의 부분 조명을 분위기에 맞추어 켜주는 것이 전기세도 적게 들고, 휴식할 수 있는 편안한 분위기를 만들어 주기에 좋다. 조명은 가구처럼 오브제로도 훌륭한 역할을 해주지만 밋밋한 공간을 입체적으로 보이게 만드는 센스 있는 아이템이다. 플로어 램프는 암체어나 소파 옆에 두는 것이 가장 안정감이 있고, 테이블 램프는 소파 뒤 콘솔 위에 올려두면 아름다운 장식 소품이 된다.

암체어와 사이드테이블 사이에 목이 얇고 긴 플로어

램프를 두면 거실에서 독서할 때 집중력이 배가 된다. 거실 공간에 비해 조금 커 보이는 사이즈의 플로어 램프를 거실 구석에 두어도 유니크한 포인트가 될 수 있다.

거실 연출의 다양한 방법

세상 하나밖에 없는 나를 위한 거실 만들기

표준 레이아웃의 '거실용 가구세트'가 본인의 라이프스타일에 잘 맞고 무난해서 편안하다고 느끼는 사람들도 있겠지만 지금이 아닌 미래의 꿈꾸는 내 삶과 내가 살고 싶은 라이프스타일에 대해 생각해 본다면 조금 더 내 마음을 사로잡는 아름다운 거실의 모습들이 떠오르지 않을까? 내 집에서 가장 좋은 위치의 가장 넓은 공간인 거실을 내가 좋아하는 스타일로 자유롭게 꾸며 보는 것도 내 삶의 질을 높이는 데 도움을 줄 수 있다.

천장이 낮은 거실에 큰 소파나 키 큰 가구들 대신 방석만 놓고 좌식 생활을 하는 것도 공간을 넓게 쓸 수 있는 방법이다. 흔하고 크고 못생긴 가구들을 처분하고 낮은 콘솔 가구와 예쁜 소반 트레이를 메인으로 하는 편안한 분위기의 동양적 좌식 스타일 거실을 만들어 보는 건 어떨까. 작고 세련된 단품 가구들과 함께 화사한 꽃무늬 패턴의 커튼이나 방석, 러그 등 아름다운 패브릭 제품들을 포인트로 단아하고 아름다운 특별한 거실을 꾸밀 수도 있다.

평소에 멋진 예술 작품을 수집하는 사람이거나 취미로 무엇이든 작품을 만드는 사람이라면 작품 전시를 위해 거실만큼 좋은 공간도 없다. 직접 만든 도자기 작품이나 그림 액자들을 벽에 걸기도 하고 콘솔 위나 벽에 무심히 기대어 놓기도 하여 거실 공간을 집주인의 고상한 취향이 가득한 자유로운 갤러리로 변신시켜 보는 것도 가능하다. 여행지에서 사 모은 예쁘고 귀여운 소품들이나 평생 수집하고 있는 특별한 물건들이 있다면 거실 갤러리를 이용해서 작은 전시 공간을 만들어 보자.

책을 좋아하는 사람이라면 거실에 소파테이블 대신 도서관처럼 넓은 테이블과 독서실용 테이블 램프를 놓고 거실 전체를 높은 책장들로 둘러싸이게 만들어서 지적인 분위기의 우아한 거실을 만들어도 좋겠다. 해가 잘 드는 거실 창가에서 커피 한잔과 함께하는 독서 시간은 집중력이 배가 될 것이다.

혼자 사는 집에 잠만 자는 침실이 거실보다 해가 더 잘 든다면, 거실에 침대를 두고 침실 공간을 거실로 만들어서 내 집에 해가 잘 드는 쾌적하고 특별한 응접실을 들여 볼 수도 있다.

베란다를 거실로 확장해서 화분을 들여놓을 공간이 없다면 거실에 큰 화분들을 자유롭게 배치해서 거실 동선을 가볍게 분리해 주는 것도 재미난다. 별다른 장식이 없어도, 나무 몇 그루만으로도 거실이 금방 내추럴하고 따뜻한 분위기로 변신하게 될 것이다. 식물을 좋아하고 정원 가꾸

“작품 전시를 위해 거실만큼 좋은 공간도 없다. 그림 액자를 벽에 걸기도
하고 콘솔 위나 벽에 기대 놓기도 하며 거실의 코너 공간을 갤러리처럼
변신시켜 보는 것도 가능하다. 평생 수집해 온 특별한 물건이 있다면
거실 갤러리를 이용해서 나만의 작은 전시 공간을 만들어 보자.”

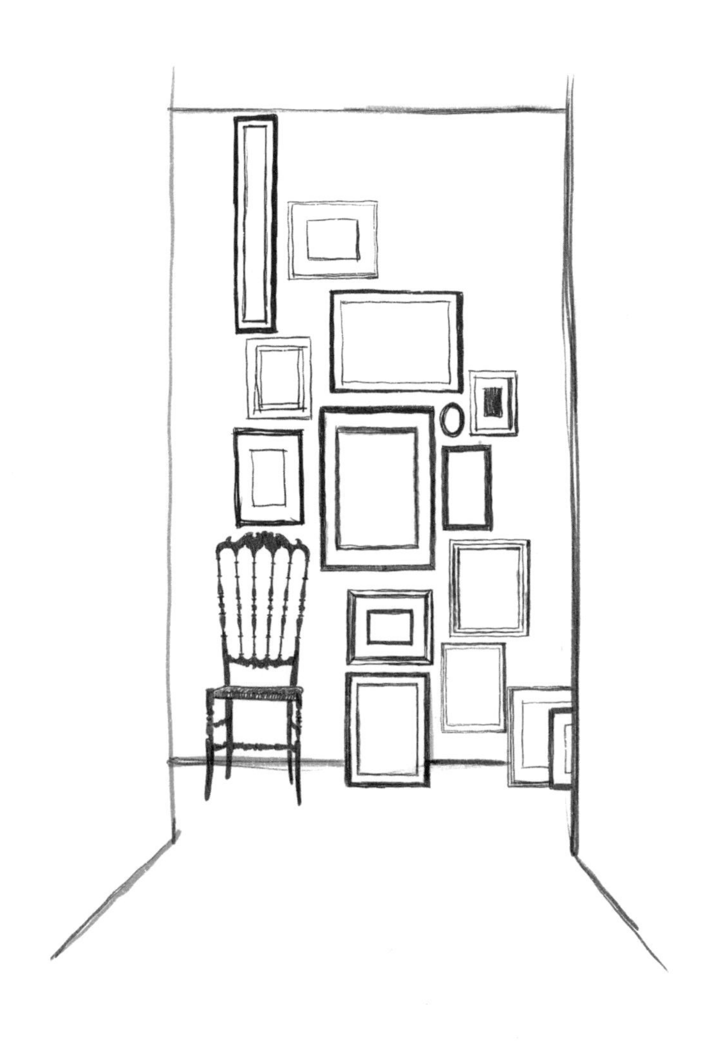

는 취미가 있다면 베란다를 거실로 확장할 것이 아니라 거실을 베란다로 끌어들여 거실 전체를 식물원처럼 만들어 보는 것은 어떤가. 거실을 야외인지 실내인지 구별이 되지 않을 만큼 자유로운 분위기로 연출해 보는 것도 거실 공간을 내 맘대로 즐길 수 있는 꽤 괜찮은 방법이다.

특별하고 멋있는 거실

집 안 어디도 마찬가지겠지만 거실이야말로 인테리어의 특정한 룰은 필요 없다. 거실은 다른 공간들에 비해 정확한 기능이 분명하지 않기 때문에 다른 기능적인 공간들이 꼭 갖추어야 하는 가구나 특정 활동을 위한 동선이 필요하지 않다. 거실은 그야말로 집주인 마음이라 주인의 취향이 가장 많이 느껴지고 그래서 집 안에서 가장 재미있는 공간이 될 수 있다. 거실을 온통 세트 가구들로만 완성하지 말고 생각날 때마다 하나씩, 나와 내 거실에 가장 잘 어울리는 가구와 물건들을 여유 있게 찾아보고 진짜 내 취향의 거실이 완성될 때까지는 불편한 대로 조급해하지 말고 거실을 잠깐 비워 두는 마음의 여유도 갖자. 물건 하나하나에 즐거운 이야기가 있고, 여유롭고 따뜻한 분위기가 느껴져 누군가의 기억 속에 '멋있는 거실' 공간을 떠올릴 때마다 생각

“거실에 별다른 장식 없이 나무 한 그루만 있어도 따뜻한 분위기의
아름다운 거실을 만들 수 있다.”

이 나고, 거실 모습을 떠올리다가 집주인도 그리워하게 되는, 그렇게 즐겁고 아름다운 거실 공간이 많이 생기면 좋겠다. 우리가 비록 찍어 낸 듯 비슷하게 생긴 좁은 아파트에서 남들과 비슷하게 고단하고 바쁜 일상을 살더라도, 상상력만 있다면 언젠가는 얼마든지 남들과는 다른 나만의 아름다운 거실을 갖게 될 것이다.

LDK의 평화로운 공존

거실을 침범하여 집의 중심으로 이동하는 주방과 다이닝룸

LDK는 리빙룸과 다이닝룸, 키친을 줄인 단어다. 요즘은 이 LDK를 벽체로 따로 나누지 않고 한 구역으로 묶어서 동선을 편리하게 만드는 오픈 주방 형태를 선호하는 추세이다. 음식을 만들고 먹고 휴식하는 행위 모두를 '쉼'이라는 하나의 목적을 위한 공간으로 해석하게 되면 이 세 공간을 분리하지 않고 유연하게 붙여 놓는 것이 논리적인 흐름에도 어색하지 않을 수 있고 또 동선을 줄여서 시간도 절약할 수 있는 좋은 솔루션이 될 수도 있다.

예전의 개념으로 주방은 물과 불을 쓰는 음식 냄새가 나는 공간이라서 벽체로 막아 분리해 배치하고 거실과는 거리를 떨어뜨려서 집의 구석에 있었으나 요즘의 주방은 그 지위가 한껏 상승해서 점점 더 집의 중심으로 이동해 거실과 더 가까워지게 된 것이다. 각자의 라이프스타일이 다르고 바쁜 현대인들은 먹는 시간들도 일정치 않아 필요한 시간에 각자의 식사를 알아서 해결하며 살다 보니 가족이 다 같이 모여야 하는 다이닝룸도 사실상 그 쓰임새가 많이 달라지고 변형되었다. 주방 아일랜드를 작업대 겸용으로 쓰거나 거실 공간을 줄이고 주방을 아예 거실 영역까지 끌고 들어가서 아일랜드를 조리대 겸 다이닝 테이블처럼 사용하기 위해 집의 중앙, 거실 한가운데로 진출하기도 한다.

결국 집을 지을 때 거실을 포함한 LDK 전체를 집에서 가장 좋은 위치에 두고 그 각각의 영역을 효율적으로 나눔으로써 LDK가 집의 중심이 되어 공간의 콘셉트를 결정하게 되는 중요한 의미를 갖게 된 것이다.

거실과 경계가 없는 오픈형 아일랜드식 주방은 모던한 분위기를 만들어 주고 접근성이 좋아서 생활의 동선을 편리하게 하는 장점도 있지만, 집 전체에서 음식 냄새가 빠지기 어렵고 설거지거리 등 지저분한 것들이 노출되지 않게 깔끔함을 유지하기 위한 노력이 필요하다.

무엇보다도 거실에서 바라봤을 때 싱크대 위에 있는 수세미와 오염된 설거지통까지 훤히 보이는 상황은 피해야 한다. 꼼꼼하지 못한 성격이라 주방을 노출하는 일이 전혀 자신 없다거나, 주방 안에서 일어나는 일을 혼자서 차분하게 처리하고 싶다거나, 또는 거실을 격식 있고 깔끔하게 독립시켜서 우아하게 지켜 내고 싶다면 거실이나 다이닝룸을 주방과 철저히 분리하는 것이 좋다.

유지 관리의 불편함을 감수하고라도 꼭 오픈형의 개방감 있는 주방 시스템을 원한다면, 오픈형 아일랜드의 싱크대나 조리대 앞쪽으로 그보다 한 단 정도 높게 카운터 벽을 만들어서 막아 주면 시선은 차단하지 않으면서 음식물이 튀는 상황을 막을 수 있으니 거실 바닥이 더러워지는 것도 어느 정도 해결할 수 있다. 또 성능 좋은 레인지후드를 설치하면 거실 쪽으로 음식 냄새가 많이 퍼지는 것도 방지해 준다. 주방 전체가 개방되는 분위기가 아무래도 부담스럽다면 유리 가벽이나 슬라이딩도어 등을 무겁지 않게 파티션처럼 설치해서 공간의 개방성은 유지한 채 부분적으로만 공간을 적당히 분리해 주는 것도 좋은 방법이다.

또 거실과 주방 다이닝룸까지 오픈 형태일 때, 벽체나 문을 설치해서 딱딱하게 공간을 차단하고 싶지는 않지만 적당히 여유롭게 경계를 두고 싶을 때는 가구 배치나 커튼 파티션 등이 좋은 솔루션이 될 수 있다. 예를 들면 주방 작업대와 식탁을 가까이 두어 동선을 편안하게 만드는 대신 스펜스(그릇장)나 수납 가구로 경계를 모호하게 만들어 주고 주방 쪽으로 등을 진 소파와 소파 뒷면에 붙여 놓은 콘솔 수납장이 동선의 흐름을 자연스레 끊어 주면 전체 공간이 유연하고 세련되게 분리될 수 있다.

좁은 아파트의 경우는 주방 작업대와 식탁을 붙여 주고 식탁용 의자를 소파 형태로 만들어서 요리, 식사, 휴식의 동선을 한데 모아 주면 바빠서 만나기 힘든 가족들이 오가다 더 자주 만날 수 있을 테니 커뮤니케이션하기에 좋은 동선을 만들 수도 있다.

주방, 다이닝, 거실, 이 세 공간은 아파트의 경우 특히나, 집 안에서 가장 중심이 되는 공간이니 이 세 영역을 어떻게 분리하거나 합치는지, 가구는 어떤 방향으로 배치하고 어떤 레이아웃을 만드는지에 따라 집의 형태나 분위기가 완전히 달라지게 될 수 있다.

LDK의 쾌적한 공존을 위한 스마트한 수납 시스템

집 안에서 체계적인 수납 시스템이 가장 많이 필요한 공간인 주방은 온갖 조리도구와 식재료들, 조리를 위한 가전제품들을 포함하여 다이닝룸을 위한 테이블웨어 도구들까지 수납되어 있어야 해서 설비 시스템에 맞추어 체계적으로 수납이 이루어지지 않으면 작업 동선이 꼬여서 주방 일이 피곤하고 힘들어진다. 특히 주방 안에서는 물과 불을 사용하기에 긴장을 늦출 수 없는 데다, 여러 가지 일들이 한꺼번에 멀티로 진행되어야 하므로 조금만 신경을 안 써도 금방 엉망이 되기 쉽다. 또 조리도구나 식재료를 짧은 조리과정 중에 찾아내고 준비해서 정해진 시간 내에 재빨리 사용해야 하기 때문에 철저히 효율적으로 분류된 스마트한 수납 시스템이 요구되는 공간이다. 다른 공간도 마찬가지지만 주방 공간은 그래서 더더욱 살림살이를 버리고 추려 미니멀하게 만들어야 하며 청결한 상태로 유지, 관리하기 쉬운 주방 수납이 되도록 만들어 주어야 한다.

주방 기구들은 싱크대 상하부장, 조리대 옆 팬트리, 그릇장 등에 체계적으로 정리해 넣어 두어야 하는데, 이런 주방 수납가구들로 동선을 유연하게 분리해 주어 LDK 공간의 평화로운 공존을 가능하게 하는 아이디어도 필요하다.

거실과 공존하는 오픈형 주방에서 작업 중에 물건을 바닥에 쌓아 놓기 시작하면 순식간에 지저분해지기 쉽고 청소도 불편해져서 절대 조심해야 하는데 싱크대나 아일랜드, 식탁 위도 마찬가지다. 인테리어 잡지에서 보고 로망이 되어 버린, 오픈형 아일랜드 테이블을 거실 가까이 멋지게 만들어 놨는데 방심하는 사이 어느덧 이 테이블 위에 차곡차곡 물건이 쌓이게 되는 경우가 있다. 사람들은 넓은 공간에 테이블이 있으면 본능적으로 무엇이든 테이블 위에 올려놓으려 하기 때문이다. 온갖 영양제 약통부터 반찬통과 그릇들, 메모지와 필기도구, 각종 영수증과 전단지, 돋보기와 TV 리모컨까지, 순식간에 아일랜드 테이블이 그야말로 쓰레기 섬으로 변하는 일이 자주 반복되다 보면 분위기 있는 오픈형 아일랜드 테이블은 정돈된 집 안 분위기를 망가트리는 테러리스트가 될지도 모른다. 주방은 무엇보다도 청결을 유지하는 일이 가장 중요하다. 항상 신경 써서 정리하고 사는 일에 자신이 없다면 오픈형 조리대는 피하는 것이

〈LDK 레이아웃〉

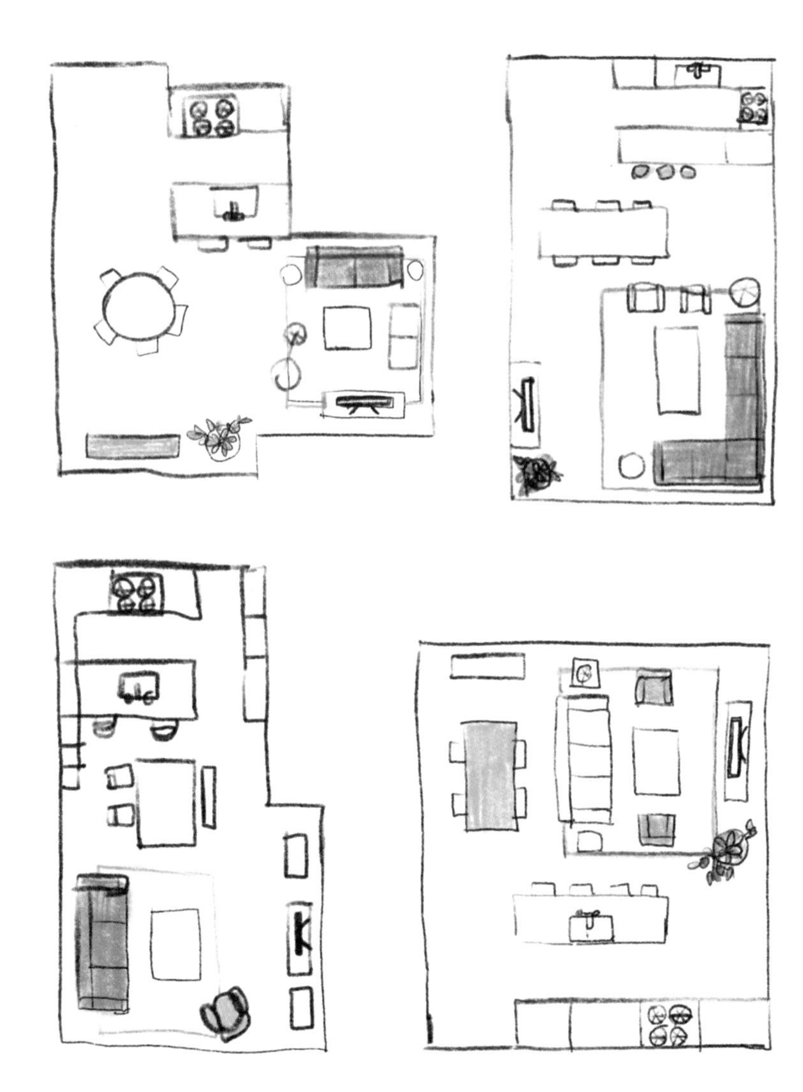

좋다. 어쩔 수 없이 아일랜드 테이블을 거실 공간에 오픈한 채 살아야 한다면 주방 근처에 충분하게 수납할 수 있는 공간을 만들어 주어야 아일랜드 테이블이 쓰레기 섬으로 변하는 것을 방지할 수 있다.

작은 공간을 위한 계획

4

좁은 집을 위한 인테리어

아늑하고 개방적인 분위기 만들기

우리는 항상 집은 가능한 한 넓을수록 좋다고 생각하지만 답답하지 않고 아늑한 느낌이 드는 매력적인 공간이라면 면적의 넓고 좁음은 문제가 되지 않는다. 오히려 집주인이 컨트롤할 수 없을 정도로 지나치게 넓고 허전하여 썰렁한 기운이 들게 하는 공간은 우리의 인생과 에너지를 낭비하게 할 뿐이다. 사람마다 편안함을 느끼는 공간의 크기가 다를 테니 얼마만큼의 면적이 작지만 아늑한 공간이 될 수 있는지 정확한 수치로 제시할 수는 없다. 하지만 어차피 '집의 크기'라는 문제는 우리가 원하는 대로 선택할 수 있는 것도 아니니 크기보다는 내용에 더 집중하고 관심을 두는 것이 바람직할 것이다. 물리적으로 공간이 넓어 보이게 하는 것보다 아늑하지만 답답하지 않고 개방적인 느낌이 들게 하는 것이 작은 공간에 필요한 인테리어일 테니 공간의 흐름이 자연스러운지, 동선을 억지로 분리해서 불편하게 하지는 않는지 등 그 공간만의 독특한 특성을 활용하기 위해 주어진 공간의 한계와 장단점을 파악하는 일이 우선되어야 할 것이다.

어떤 공간이든 인테리어나 공간 디자인을 계획할 때 가장 먼저 수행되어야 할 첫 번째 미션은 정리 정돈이다. 넓게는 주어진 공간의 상태를 정리하는 일부터 물건이나 살림살이의 규모를 파악하는 일까지, 정리 정돈 작업이 모든 일의 기본이다.

좁은 공간을 위한 가구 배치와 수납 시스템

정리 정돈을 잘하고 공간의 배경 컬러를 단순하고 밝게 만든 후에는 공간의 형태를 구체화하는 가구들을 잘 들여놓아야 한다. 가구 선택과 배치만 잘해도 공간이 훨씬 더 넓어 보일 수 있는데 키가 큰 가구들보다는 낮은 가구들로 선택하고 컬러나 사이즈를 통일해서 연결감을 주는 것이 좋다. 예를 들어 책꽂이나 수납용 서랍장 등은 들쭉날쭉하지 않게 폭과 높이를 맞추어 방의 긴 쪽 벽에 일직선으로 배치하면 방이 훨씬 넓어 보인다.

소파나 티테이블 등은 다리가 있는 스타일로 선택하자. 다리가 얇아서 가구가 바닥에서 떨어져 떠 보여야 공간이 뚝 끊기거나 막혀 보이지 않고 바닥이 연장돼 시원해 보이고 청소도 용이하다. 확장이 가능한 식탁을 두면 갑자기 손님들이 방문할 때나 작업용 테이블이 필요할 때 도움이 되고 일 년에 몇 번 안 쓸 일을 대비해서 큰 가구를 놓고 좁은 공간의 불편을 감수해야 하는 불상사를 막을 수 있다.

좁은 공간은 다목적으로 사용할 수 있는 가구가 솔루

"좁은 집은 두꺼운 벽체를 설치하는 대신 뒷면이 막히지 않은 책꽂이 수납장이나 파티션을 이용하면 개방감을 유지한 채로 공간을 무겁지 않게 분리하면서 시선도 차단할 수 있고 수납 용도로도 사용할 수 있으니 훨씬 효율적이다."

"여닫이 문짝은 문을 여닫을 때 동선을 많이 필요로 하게 되니
슬라이딩 포켓도어로 교체해서 붙박이 수납장 안으로 숨겨
넣어 주면 낭비되는 공간을 많이 줄일 수 있다."

션이 된다. 겸용으로 활용할 수 있다면 기능은 포기하지 않고 가구의 수를 줄일 수 있다. 예를 들면 주방 아일랜드 작업 테이블에 높은 스툴 의자를 놓아 식탁으로도 사용할 수 있게 해주면 별도의 식탁이 필요 없다. 밤에 쓰던 침대를 낮에는 소파로도 쓸 수 있게 해주면 집에서 가장 큰 가구 두 개를 한 개로 줄일 수 있다. 책장이나 장식 선반은 TV장과 겸용해서 쓸 수도 있게 한 덩어리로 만들어 주는 것이 가구 개수도 줄이고 지저분한 것들을 정리해 주면서 공간을 넓어 보이게 하니 수납과 동시에 멋진 디자인 요소가 될 수도 있다.

의자는 사용하지 않을 때는 접어 놓거나 쌓아서 보관해 놓을 수 있는 것들로 선택해서 부피를 줄이고 사이드테이블은 스툴 의자로 사용할 수 있거나 수납이 가능하게 만들어 주는 것도 좋은 방법이다.

작은 공간을 인테리어할 때는 슬라이딩도어나 파티션 등을 잘 활용해야 한다. 가뜩이나 좁은 공간에 무거운 벽체나 문짝들이 답답하게 가로막혀 있으면 공기의 순환에도 문제가 생겨서 좋을 일이 없다. 여닫이 문짝은 문이 열고 닫힐 때 동선을 많이 필요로 하게 되니 슬라이딩도어나 포켓도어로 문만 교체해 주어도 낭비되는 공간을 많이 줄일 수 있다. 공간을 분리해야 할 때도 무거운 벽체나 가벽을 설치하는 대신 이동식 파티션이나 수납장 등으로 유연하게 공간을 나눠 주면 개방감을 유지한 채로 공간을 쉽게 따로 쓸 수 있다. 침대 헤드보드를 벽에 기대지 말고 분리하고 싶은 방향으로 돌려 쓸 수도 있고 뒷면이 막히지 않은 책꽂이 수납장도 시선을 차단하는 데 아주 유용하다.

〈좁은집 LDK, 거실 레이아웃〉

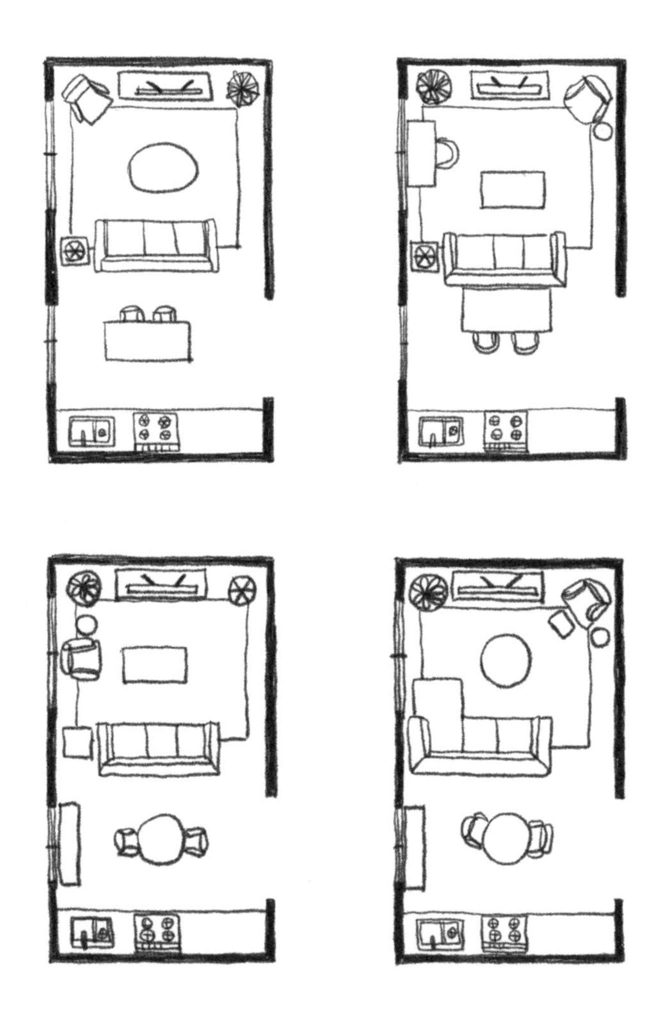

"좁은 공간에서 LDK의 분리가 어려울 때는 소파 방향을 돌려서
소파 등받이를 파티션처럼 두면 동선을 자연스럽게 분리할 수 있다."

단순할수록 아름답다

배경 컬러 정리하기

작은 공간을 갑갑하지 않고 넓어 보이게 하고 싶을 때 가장 효과적인 방법은 우선 배경을 단순화시키는 일, 공간 안의 컬러들을 깨끗이 정리해 주는 일이다. 지루한 공간에 변화를 주고 싶을 때나 산만해 보이는 공간을 정리하고 싶을 때도 먼저 주변의 어수선한 배경 컬러들을 단순하게 정리해 주면 공간의 콘셉트가 살아나고 살림살이들이 더욱 돋보이게 되면서 분위기가 단숨에 드라마틱하게 변신하는 경험을 할 수 있을 것이다.

살림살이 소품이나 가구 등에서 보이는 컬러들이 조화롭지 못하면 각각의 물건들이 디자인적으로 아무 문제가 없어도 공간이 산만하고 지저분해 보일 수 있는데 그럴 땐 알록달록한 소품들만 잘 정리하거나 정돈해 주어도 분위기를 금방 깨끗하고 세련되게 바꿀 수 있다.

지금 살고 있는 주거 공간의 분위기를 바꾸고 싶을 때는 흩어져서 여기저기 보이는 물건들의 다양한 컬러들을 단순화시키고 그룹 지어 정돈하는 일이 모든 일의 기본이 되어야 한다. 배경 컬러들을 정리해 주는 일은 마치 그림을 그릴 때 하얀 도화지를 준비해야 하는 것과 같다.

집을 짓거나 주거 공간을 리모델링하면서 인테리어 마감재를 고를 때는 처음부터 지나치게 욕심내지 말고, 면적이 가장 넓게 보이는 벽, 바닥, 천장 순으로, 내 공간에 배경 컬러를 깔아 준다 생각하고 밝은 계열의 무채색이나 중간색의 비슷한 컬러 톤 한두 가지로 최대한 심플하게 정리해 주어야 한다. 걸레받이, 몰딩 컬러와 문짝, 문선 등 벽에 경계를 만드는 건축 마감재들을 벽지 컬러와 비슷한 색으로 맞추어 정리해 주면 벽에 각종 몰딩으로 지저분하게 경계가 생기지 않게 되고, 공간의 한계가 명확해지지 않아서 집이 훨씬 넓어 보일 수 있고 다른 가구나 살림살이들도 돋보일 수 있다.

또 바닥이 나무 컬러라면 문짝이나 몰딩, 창호 같은 건축 자재들도 같은 컬러의 나무색으로 맞추어 단순화시켜 주면 더 깔끔해진다. 원목 가구를 새로 구입할 때도 이미 가지고 있는 가구들의 색과 질감에 맞추어, 집 안에 보이는 모든 나무 소재들을 한 가지 종류와 컬러로 통일시켜 주는 게 좋다. 원목처럼 자연 소재의 재료들은 그 종류에 따라 색상과 밝기의 차이가 천차만별이기 때문에 따뜻한 느낌의 내추럴한 인테리어를 추구한다고 여러 다른 종류의 원목 가구와 마감재들을 한 곳에 섞어 놓게 되면 공간

"좁은 집을 답답하지 않고 넓어 보이게 하는 첫 번째 비법은 깔끔하게
비우고 정리해서 배경을 단순하게 만드는 일이다."

이 어수선하고 조악해질 수 있다. 오래돼서 자연스럽게 태닝된 나무 소재들도 그 컬러와 질감에서 느껴지는 품위 있고 따뜻한 분위기 때문에 마음도 편안해지고 공간에 안정감이 생기긴 하지만 그럼에도 한 시선 안에 보이는 나무로 된 가구 컬러들은 서로 부딪히지 않게 한 가지 톤으로 정리해 주는 게 좋다. 체리목처럼 너무 진하고 붉은 나무 컬러와 노란빛을 많이 띠는 오크 컬러는 한 공간 안에 같이 있으면 센 컬러들끼리 부딪히며 촌스러워진다.

만약 바닥의 나무 컬러와 문짝의 나무 컬러가 서로 톤이 다른데 바꾸기는 힘든 상태라면 가구 컬러들은 바닥보다는 문짝과 몰딩 컬러에 맞추어 주면 훨씬 안정감이 있어 보인다. 또 바닥 컬러는 연하고 문짝 컬러는 진해서 두 컬러의 대비가 지나치게 강하고 거슬린다면, 그 둘의 중간 정도 밝기의 컬러로 러그나 카펫을 깔아서 전체 분위기를 중화시켜 주면 공간이 훨씬 차분하고 자연스러워질 수 있다.

공간 안에 중구난방으로 흩어져 있는 복잡한 컬러들을 정리해서 바탕이 단순하고 깨끗해져야 다른 가구나 물건들이 비로소 빛을 발할 수 있다. 이렇게 공간 안에서 마감재들의 각종 컬러와 소재를 단순하게 정리하는 일은 집을 꾸미는 일이 아니라 집을 깨끗이 청소하는 일에 가깝고 옵션이 아니라 가장 기본이 되는 일이다.

부피가 큰 붙박이 가구나 가전제품들도 바탕색 안에 포함되는 것이니 무채색 톤 안에서 크게 벗어나지 않게 바탕 컬러와 맞춰 주는 것이 좋다. 집을 공사할 계획이 전혀 없었고 집 안을 그저 깨끗이 정리만 할 생각이라 하더라도, 몰딩이나 걸레받이 등이 지저분한 컬러로 거슬리는 상태라면, 다른 장식이나 꾸밈 작업에 예산을 쓰기보다는 필름이나 시트지, 부분 도배나 페인트 작업 등으로 바탕색을 정리해 주는 일을 먼저 하는 것이 훨씬 더 효과가 좋고 이런 작업은 비교적 간단하게 시공할 수 있다.

먼저 버려야 할 것들을 비워서 물건의 개수를 줄이고 지저분한 곳들을 정리하여 배경을 단순하게 만들어 주고 나면 비로소 다음 단계로 넘어갈 수 있다. 좁은 집을 넓어 보이게 하는 가장 중요한 첫 번째 비법은 역시 비우고 정리, 정돈하는 일이다.

보이는 수납과 감추는 수납

물건들의 제자리 찾아 주기

공간을 깨끗하게 정리, 정돈했다면 그다음 단계는 수납이다. 수납의 기본 개념은 물건들의 제자리를 찾아 주는 것이다. 물건이 있어야 할 자리에 있지 않고 자리를 잘못 잡고 있으면 소소한 모든 활동들의 작업 동선이 꼬여서 큰 스트레스로 다가오게 되고 삶의 여유가 없어진다. 물건들끼리도 소재나 컬러 등 생김새가 비슷하고 사용할 목적이나 의도가 서로 관련된 것들은 가까운 위치에 모아 놓으면 논리적인 흐름이 자연스러워져서 물건을 찾을 때도 우리 뇌에서 거부감 없이 받아들이게 되니 보기에도 좋고 유지 관리가 수월해진다. 수납은 이렇게 비슷한 목적의 물건들에 제자리를 정해 주는 일, 카테고리를 나누는 일에서 시작한다. 물건의 큰 카테고리만 잘 나누어 놓으면 수납의 골치 아픈 문제들은 거의 끝난 것이나 다름없다.

거실용 수납인지 현관 수납인지 먼저 물건의 큰 영역을 나누고 그다음에 서랍장에 눕혀 놓아야 하는지 선반장에 세워 진열해 놓을 것인지 수납 가구와의 관계도 염두에 두면서 물건의 소재나 형태에 따른 분류를 잘해 놓으면 정해진 장소 안에서 매일 흐트러지는 물건들을 다시 정리 정돈하는 것은 그리 어렵지 않다. 정리와 수납이 잘되어 있으면 물건을 찾느라 시간을 낭비하지 않아도 되고 다시 정돈하고 청소하는 일이 수월해지며 당연히 생활에도 여유가 생기고 주거 공간에 대한 애정도 높아지게 된다.

유지 관리가 용이한 수납 방법

사람이 사는 공간은 어쩔 수 없이 짐이 늘어나고 생존의 흔적이 생기기 마련이다. 불시에 급습해도 항상 깔끔하게 정리가 잘 되어 있는 주거 공간에는 반드시 보이지 않는 곳에 '시크릿 공간'이 있을 것이다. 생활감이 다 드러나는 살림살이 물건들을 오픈된 공간에서 잘 정리 정돈하고 유지 관리하며 산다는 것은 현실적으로 불가능하다. 공간이 아무리 좁아도 어딘가 한 군데쯤은 내 마음대로 어질러도 되는 무법지대를 만들어 주어야 그 외 다른 공간들을 우아하고 아름답게 유지 관리하는 일이 가능하다. 평소에는 오픈하지 않아도 되는, 적당히 어질러도 금방 회복이 가능한 나만의 수납공간, 예를 들면 다락방이나 드레스룸, 창고 등을 만들어 놓는 것은 공간이 줄어드는 것이 아니라 나머지 공간을 더 쓸모 있게 만드는 일이다. 공통영역에 필요한 각종 창고수납의 공간이 부족하다면 작은 방 하나를 양보해서 아예 창고로 사용하거나, 거실 공간을 줄여서라도 수납을 위한 창고를 만들어 주는 것이 좋다. 그나마도 좁은 공간이

"보이는 수납은 소품의 크기, 높낮이들도 비슷한 것들끼리 모아서
정리하면 보기에도 예쁘고 깨끗한 상태로 오래 유지할 수 있다."

더 좁아질 수는 있겠지만, 보이지 않게 숨어 있어야 할 온갖 수납용품들을 다 오픈하고 늘어놓아서 어수선해 보이는 넓은 공간보다는 깔끔하게 정리된 작은 공간이 훨씬 더 낫다.

다용도실이나 창고, 드레스룸처럼 사람보다 물건이 머무는 시간이 더 길고 중요한, 기능적인 공간들은 그 안에 있는 수납장까지 문짝을 달아서 굳이 모든 물건을 다 숨기는 수납으로 만들 필요는 없다. 어차피 특정 작업만을 하기 위해 만들어진 공간들은 안에 있는 수납장이 적당히 오픈되어 있어도 상관없다. 정해진 공간 밖으로 물건이 흘러넘치지만 않으면 되니 저장창고 공간 안에서는 좀 느슨하게 정리하며 살 수 있게 나만의 무법지대를 허용하는 것이 여유 있고 편안하게 살면서 수납을 오랫동안 유지할 수 있는 현실 가능한 방법이다.

수납은 매일 쓰는 것과 자주 쓰지 않는 것을 기준으로 하여 주변수납과 창고수납으로 나눌 수 있고 한눈에 다 보이게 정렬하는 장식적 개념을 함께 가진 '보이는 수납'과 안 보이게 넣어 두는 '감추는 수납'으로 나눌 수 있다. 주변에 두고 매일 수시로 사용해야 하는 보이는 수납은 이왕이면 인테리어까지 고려해서 잘생기고 예쁜 것들로 만드는 것이 좋다. 수납바구니나 수납용 집기들도 플라스틱이나 스테인리스 소재같이 찬 느낌이 나서 아늑한 공간의 분위기를 방해하는 수납용품은 피하는 것이 좋고 장식적인 기능까지 있는 내추럴한 라탄 소재나 우드, 패브릭 소재 등이 오픈 수납 도구로 더 적당하다. 또 오픈 수납용 소품들은 같은 공간의 범위 안에서는 유리는 유리끼리, 나무는 나무끼리 모아 놓아야 산만하지 않고 수납도구의 면적과 덩어리 자체가 반복적으로 그룹을 만들어서 조형적인 아름다움을 가지게 된다. 소품들의 컬러와 크기, 높낮이도 비슷한 것들끼리 모아서 정리하면 보기에도 예쁘고 깨끗한 상태로 오래 유지할 수 있다.

컬러와 형태가 제각기 다른 물건들을 모두 보이게 꺼내 놓는 오픈 수납으로 만들면 바로 꺼내 쓰기는 편할 것 같지만 오히려 주변이 다 산만하고 어수선해져서 정돈이 더 힘들어질 수 있다. 공간을 넓게 쓰기 위해 옷장이나 신발장이나 베란다, 주방 수납장 등에 서랍과 문짝을 없애서 오픈 수납을 하는 경우는 패브릭 파티션 등으로 가볍게라도 가리는 일이 필요하다. 또 같은 공간 안에 수납도구들, 옷걸이나 수납박스는 한 가지 종류와 컬러로 맞추어 주는 것이 좋다. 옷장 속 옷가지들도 제각각인데 옷걸이와 수납박스까지 다양한 컬러로 노출되는 일은 꼭 피해야 한다. 또 세탁소용 철사 옷걸이는 재활용할 수 있게 세탁소에 돌려주자. 섬세한 니트 원단이 철사에 걸려 올이 풀리거나 어깨에 딱딱한 철사 모양의 볼록한 자국을 남기면 곤란하다.

모든 수납용품들을 다 새로 장만해야 할 필요는 없지만 수납은 인테리어의 가장 기본이다. 크게 눈에 띄지 않는다고 작은 수납 소품들을 무시했다간 비싸고 멋진 물건들도 지저분한 공간 안에서 제 능력을 발휘하지 못하게 될 것이다.

가끔 수납 자체가 목표가 되어, 보이지 않는 창고나 옷장 구석구석까지 모든 물건이 작품처럼 완벽하게 줄 맞춰 정렬되게 만드는 오픈 수납 방법을 자랑하는 사람들이 있는데, 예를 들면 옷 가게 매장 진열장처럼 청바지를 돌돌 말아서 꽂아 놓고 한 개씩 빼서 입으라든가 스웨터나 티셔츠는 차곡차곡 잘 접어서 길게 세워서 보관하고 색깔별로 칼같이 딱 떨어지게 구분해서 꺼내어 입는 법, 신발을 신발 박스에 넣어서 보관하는 법 등 깔끔하고 심플하게 공개된 상태로 오픈해야 하는 오픈 수납법은 꼼꼼하고 섬세하지 못한 사람들에겐 잘 맞지 않는다. 자주 꺼내 입어야 하는 옷과 신발들을 접어 놓거나 박스에 넣어 보관하게 되면 외출할 때마다 다시 쏟아져 나와야 할 테니 공간은 금방 아수라장으로 변할 것이다. 매일 사용해야 하는 옷장수납은 지나치게 깔끔하게 오픈 수납을 하게 되면 금방 지쳐서 포기하게 될지 모르니 공간이 허락하는 내에서 유지 관리가 가

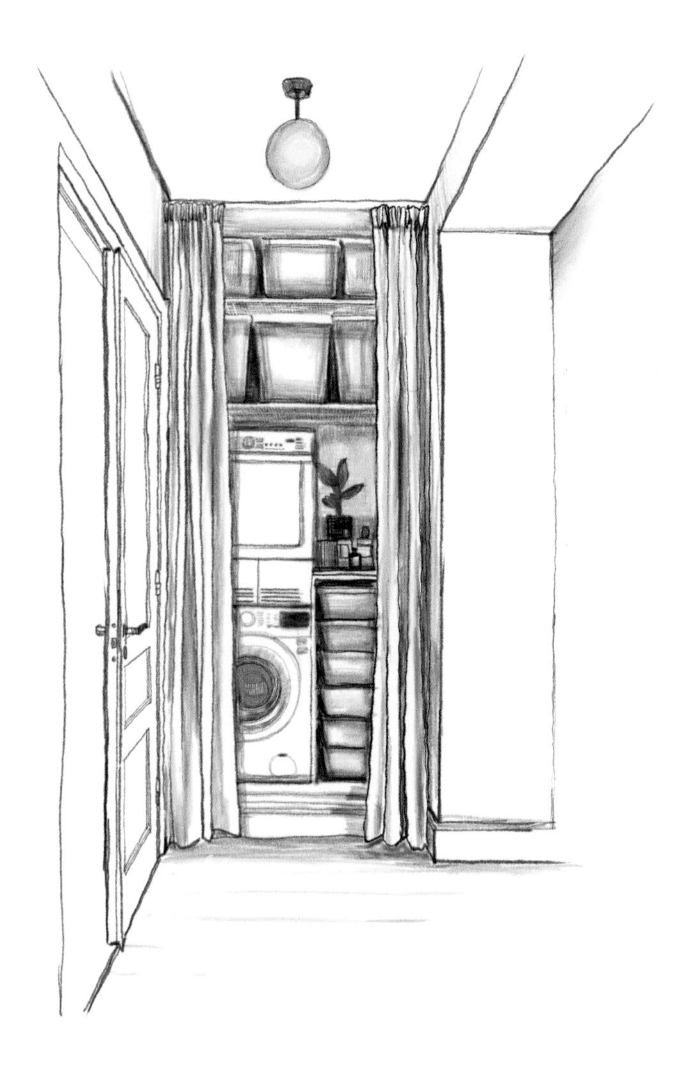

"매일 사용해야 하는 옷장이나 청소 도구함 수납은 오픈 수납으로
하면 깔끔하게 유지 관리하기가 어려워서 금방 지쳐 포기하게
될지도 모른다. 이왕이면 도어가 있는 분리된 공간이면 좋겠지만
공간이 모자라서 자투리 공간을 이용해야 하는 상황이라면
파티션이나 커튼 등을 이용한 감추는 수납을 추천한다."

능한 수준으로 감추는 수납을 권하고 싶다.

수납공간은 모자라도 넘쳐서도 안 된다

수납공간은 주거 공간에서 꼭 확보되어야 하는 중요한 영역이며, 너무 부족하거나 좁아도 문제이지만 반대로 여기저기 수납을 위한 공간이 쓸데없이 너무 많은 것도 좋지 않다. 과도하게 남아도는 수납공간은 필요 없는 물건들을 잔뜩 쌓아 두게 만들고, 빈 곳을 채우고 싶다는 욕심이 생기게 하기 때문이다.

집안일의 특성상, 언제든 필요할 때 빨리 찾아서 타이밍에 맞게 사용해 주어야 하는데 물건들이 제자리를 벗어나 여기저기, 멀리 있는 공간까지 채우기 시작하면 작업 동선이 꼬이고, 쓸데없는 짐도 늘어나게 되어 심플한 라이프와는 거리가 멀어지게 된다.

남는 공간을 모두 수납으로 채우지 말고 여백의 미를 살려서 공기가 순환할 수 있게 비워 두도록 하자. 수납하는 물건들 사이 사이의 공간과 틈은 통풍이 잘되게 해서 곰팡이를 방지할 수 있고, 집 안에 좋은 기운과 에너지를 흐르게 하고 시각적으로도 답답하지 않고 개방감이 들게 한다. 공간마다 꼭 필요한 수납 장소를 확보했다면 남아도는 수납장은 더 이상 필요하지 않은 음습하게 죽은 공간이 되는 것이니 살림살이 물건의 수량과 종류 등을 잘 파악해서 적당한 크기의 수납공간을 만들어야 한다. 아무리 좋은 것도 넘쳐나는 것은 모자람만 못하다는 것을 명심하자.

거울벽 효과

빛을 반사해서 공간감을 높이는 거울효과 소품들

스칸디나비아 스타일의 폴리카보네이트 소재의 가구나 소품들은 상업 공간의 분위기 있는 인공조명들 속에서는 반짝거리는 얼음 조각처럼 화려하고 근사해 보이기도 하지만 찬란한 태양 빛 아래 보이는 수많은 생활의 흔적인 스크래치들은 공간을 차갑고 궁상맞아 보이게도 할 수 있다. 플라스틱이나 스테인리스 소재들은 이렇게 채광이 좋은 주거 공간 안에서는 조심해서 써야 할 마감재이지만 그럼에도 불구하고 비좁고 답답한 공간 안에서는 빛을 반사하고 부피감을 덜어주기에 반짝거리거나 투명한 재질의 가구나 소품을 사용하면 공간을 거의 차지하지 않는 듯 보여서 집을 훨씬 넓어 보이게 만든다.

이렇게 반짝거리고 반사하여 공간에 개방감을 주는 아이템으로 거울이 대표적이다. 좁은 거실의 한쪽 벽에 크고 넓은 전신 거울을 기대 놓으면 거울 사이즈만큼의 공간이 확보돼 보이는 확장 효과를 얻을 수 있다. 창문이 작거나 자연광이 적게 들어와 어두운 공간이라면 창문 맞은편 벽의 거울이 빛을 반사해 실내가 넓어 보이게 만드는 훌륭한 솔루션이 된다.

거울을 인테리어 장식 오브제로 사용하려면 프레임이 중요한데 액자처럼 프레임의 종류에 따라 공간에 다양

“좁은 거실의 한쪽 벽에 크고 넓은 전신 거울을 기대어 놓으면 거울 사이즈 만큼의 공간이 확보돼 보이는 확장 효과를 얻을 수 있다.”

한 분위기를 연출하기 좋기 때문이다. 또 유리를 끼운 액자도 거울벽 효과를 주기에 좋은 물건이니 지나치게 충돌하는 사진이나 그림들만 아니라면 거울과 액자들을 섞어 예술적이고 아름다운 벽 데커레이션을 계획해 보는 것도 좋겠다.

공간을 거의 차지하지 않는 액자 데커레이션

꼭 작가의 작품이 아니라도 추억이 있는 사진이나 리빙숍에서 쉽게 구할 수 있는 예쁜 판화나 포스터들, 아름다운 패턴의 패브릭 등을 어울리는 액자에 넣어서 집 안에 내 취향의 작은 갤러리 공간을 만들어 주어도 좋다. 작은 사이즈의 액자들은 그림의 내용이나 컬러, 액자의 소재가 비슷한 것들끼리 그룹 지어서 랜덤하게 걸어 벽을 디스플레이하면 된다.

액자를 걸 때는 도면 위에 그려 보면 좋은데, 네모난 벽 사이즈 위에 비율을 맞춰 액자 사이즈를 그려 넣어 보면서 레이아웃을 만들면 가장 정확하겠지만, 도면 작업까지가 힘들다면, 떼어 내기 쉬운 마스킹 줄눈 테이프로 벽에 임의의 선을 붙여 놓고 기준을 잡아서 액자의 위치를 정하면 된다. 액자를 걸 벽체의 중앙에 십자로 테이프를 붙이고

"액자로 벽 장식을 할 때, 액자의 크기와 모양이 제각각이라도 보이지 않는 기준선 안에 정렬되어 있으면 깔끔하고 정돈되어 보인다."

십자선의 중심을 따라 대칭으로 나열하듯 줄을 맞추는 방법이 있고, 십자선을 따라 대각선 방향에 대칭으로 큰 액자 두 개 위치를 먼저 잡은 후 남은 작은 것들을 자유롭게 그 안에 배치해도 된다. 또는 액자 양쪽의 선 또는 상하의 선을 정해 놓고 그 사각형 범위 안에 액자들이 랜덤하게 자리하도록 하는 방법도 있다. 액자의 크기와 모양이 제각각이어도 보이지 않는 기준선 안에 정렬되어 있으면 깔끔하게 정돈되어 보일 수 있다.

작은 사이즈의 거울들도 여러 가지 형태의 프레임을 제작해서 그림 액자처럼 자유롭게, 벽의 코너 부분에 모아서 걸어 놓으면 별 노력 없이도 그 자체로 설치 미술처럼 공간을 아름답게 만든다. 또 벽에 걸지 않고 기대어서 놓는, 과감한 사이즈의 큰 전신 거울은 공간이 넓어 보이게 해서 시원하고 쾌적한 느낌이 들게 하지만 거울에 반사되는 맞은편 공간이 어수선하지 않게 정리 정돈을 먼저 해야 한다.

공간에 어울리는 프레임을 잘 골라서 제작한 거울은 작가의 그림 작품처럼 아름다운 인테리어 벽 마감재로의 역할도 해주면서 좁은 공간이 넓어 보이게 만들어 주기도 할 것이다.

집 안의 중요한 벽 공간을 이렇게 그림이나 거울, 액자 등으로 콘셉트를 갖고 마감했다면 그 주변의 다른 벽체들은 여백의 미를 허락하는 여유가 필요하다. 액자가 있는 벽 주변은 액자를 감상할 수 있을 만큼의 심리적 거리를 남겨 두고 가구를 배치해야 하며 액자들의 사이즈가 작아 가볍고 왜소해서 비율이 안 맞는다면 액자들 그룹 아래로 콘솔이나 벤치, 스툴 의자 등을 놓아 자연스럽게 시선의 흐름을 유도해 주면 좋다. 아랫부분에 의자나 콘솔 같은 가구를 놓아 주면 벽 전체 레이아웃이 훨씬 안정감 있게 정리되어 보인다. 또 그림이 걸린 벽 아래에 가구가 있으면 그림에 손이 덜 타게 돼서 작품을 보호하고 관리하기도 편하다.

집을 꾸미고 장식하는 일은 지극히 개인적인 취향에 관련된 부분이긴 하지만 좁다고 무조건 심플하게 아무것도 없는 썰렁한 공간에서 살아야 하는 것은 아니다. 오히려 공간에 포인트가 될 수 있는 벽을 정해서 시선이 머무는 장식적 요소를 더하면 상대적으로 다른 영역들의 여백을 강조하게 돼서 공간을 더 넓고 효율적이며 개성 있게 만들어 줄 수도 있으니 약간의 수고로움으로 큰 효과를 얻을 수 있을 것이다.

작지만 특별한 공간을 위해

기능적으로는 아무런 쓸모가 없지만 아름다운 예술로서 가치가 충분한 그림 작품들은 '장식'이나 '꾸밈'과는 또 다른 문제이다. 볼 때마다 만족감을 높여 주는 예술 작품은 그 존재 자체로 인정받아 마땅하다. 집 안을 장식할 목적으로 허전한 공간과 벽을 채워야 한다는 강박에 시달리지 말고 맘에 드는 그림 한 점을 적당한 위치에 걸어 보자. 온 집안이 풍요로워지는 경험을 할 수 있을 것이다.

예술 작품은 진짜 아티스트나 유명한 작가들의 그림이면 좋겠지만, 꼭 유명 작가가 아니어도 괜찮다. 요즘은 작은 갤러리들, 각종 아트페어와 전시 등 합리적인 가격으로 신인 작가의 좋은 작품을 득템할 수 있는 플랫폼들도 많다. 다행히 아직 유명하지 않아서 가격이 좋은, 젊고 감각 있는 천재 화가들이 세상 밖에 나와 자기 작품들을 알아봐 줄 안목 있는 컬렉터들을 기다리고 있으니 그림을 좋아하는 사람이라면 맘먹고 잘 찾아보도록 하자. 미래에 대박 날 무명 작가의 근사한 작품을 싼값에 우연히 발견하게 되는 행운이 생길지도 모른다. 나는 그림을 좋아해서 가끔 해외여행을 가면 시간을 쪼개어 미술관에 꼭 들르는데 아트숍에서 엽서나 포스터를 잔뜩 사 오기도 하고 동네 작은 갤러리들에서 신인 작가들의 작품을 찾아보기도 하며 그림 취

“살림살이에 꼭 필요한 생활용품이 아니더라도 막상 없으면 아쉬워지는 꽃병 같은 소품들은 비슷한 소재나 컬러들끼리 한데 모아서 콘솔 등의 테이블 위에 오픈 수납으로 장식하기 좋은 아이템이다. 계절마다 예쁜 꽃 한 송이씩이라도 꽂아 놓아두면 기분 좋은 분위기를 연출하기 딱 좋다.”

향을 가다듬는다. 몇 년 전 여름 뉴욕 여행 중에는 소호 길거리에서 무명의 미국 작가의 유화 작품을 단돈 200달러에 사서 들고 왔는데 아주 마음에 드는 그림이라서 누군가 내게 다시 2천 불에 사고 싶다 해도 되팔고 싶지 않다. 내가 최초로 샀던 작품은 정직성 작가의 〈매화를 기다리며〉인데, 이 그림도 첫눈에 반해서 처음으로 산 그림이라 그런지 애착이 크다. 지금은 아직 어울리는 공간을 발견하지 못해서 벽에 제대로 걸어 놓지 못하고 방구석에 대충 기대어 놨지만, 그 모습조차도 멋지고 느낌이 있어서 지금도 볼 때마다 가슴이 설렌다.

계절의 변화를 느끼게 해주는 소품들

가구나 마감재에 비해 비교적 합리적인 가격으로 공간을 따뜻하게 만들어 주는 생활용품으로는 러그, 방석, 쿠션 등이 있다. 이런 패브릭 아이템들은 인테리어를 바꾸지 않아도 공간을 화사하게 만들고 계절의 변화를 느낄 수 있게 해준다. 겨울이면 차가운 질감의 가죽 소파 위에 보드랍고 감촉이 좋은 울니트 소재 무릎담요를 꺼내 놓고, 거실 바닥이나 침대 곁, 현관 앞에도 따듯함을 더해 주는 러그를 깔아서 맨살에 닿는 차가운 감촉을 차단한다. 러그나 카펫은 바

“기분 좋은 컬러, 화려한 패턴의 러그나 카펫들, 포근하거나 시원한 소재의 쿠션 소품들은 매 시즌 계절의 변화를 행복하게 즐길 수 있게 해주며 삶의 퀄리티를 상승시켜 만족감을 더해 준다.”

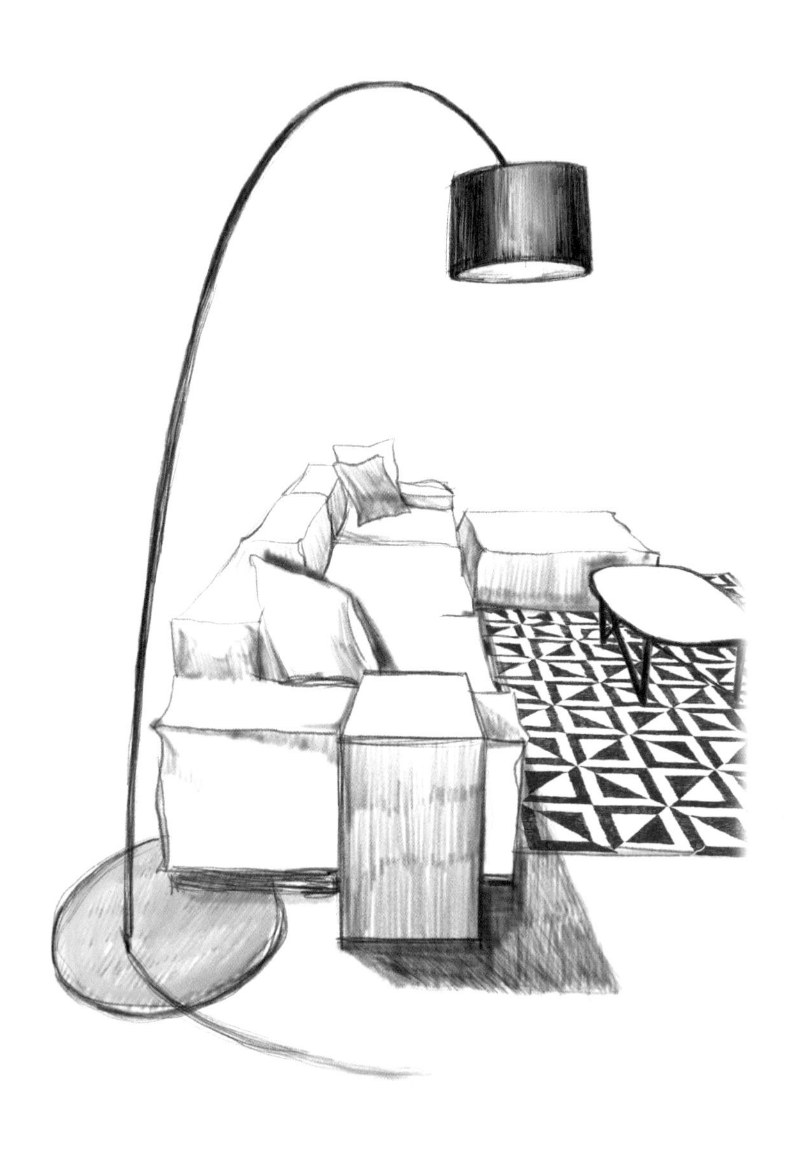

닥 컬러에 맞추거나 큰 가구의 컬러와 어울리게 받아 주는 것이 가장 무난하지만 집 전체 분위기가 뉴트럴한 크림 톤 한 가지의 경직된 분위기라면 러그나 카펫은 과감한 컬러나 패턴이 있는 것들로 집 분위기를 밝고 경쾌하게 확 바꿔 보는 것도 즐거운 일이다. 우리나라처럼 신발을 벗고 들어가서 바닥에 앉아 생활하는 것이 자연스러운 문화에서는 특히나 바닥을 따뜻하고 쾌적하게 만들어 주면 공간에 대한 만족도가 훨씬 높아진다.

특히 좁은 공간은 높고 큰 가구들을 들이기보다 낮은 가구들과 함께 아늑하고 따뜻한 분위기를 더할 러그를 깔아 주면 좋다. 처음부터 너무 크고 비싼 카펫들이 부담스럽다면 부정형이나 원형으로 된 작은 사이즈의 세탁이 용이한 가벼운 소재의 러그들을 여러 장 겹치게 놓아서 유니크한 패턴을 만들어 보자. 자꾸 바닥에서 뒹굴뒹굴하고 싶은 마음이 생기게 되지 않을까. 텔레비전 앞에 기분 좋은 컬러의 러그를 깔고, 끌어안고 있는 쿠션들도 계절감이 느껴지는 소재들로 바꿔 주면 매 시즌 계절의 변화를 기분 좋게 즐길 수 있을 것이다.

에필로그

무심코 살아가는 일상의 공간과 가구, 살림살이 물건들, 내 집을 이루는 주변의 모든 것들이 나의 라이프스타일을 설명하고, 내가 어떤 사람인지 말해 준다. 아름다운 공간에서 아름다운 가구에 둘러싸여 아름다운 물건들을 사용하며 사는 사람은 아름다운 사람일 확률이 높을 것이다.

그렇다면 아름다운 공간은 어떤 곳일까? 무엇이 아름다운가를 정의하기는 옳고 그름을 나누는 일보다 어려운 일이지만 집이라는 가장 사적이고 주관적인 기준이 필요한 공간의 아름다움을 나누는 기준은 철저히 개인적인 잣대여야 한다고 생각한다. 내 몸이 자연스럽게 편안할 수 있는 오래 머물고 싶은 공간, 여백이 있어 쉼이 가능한 여유로운 공간, 그 공간 안에서 느끼는 안정감, 내 삶을 윤택하게 만들어 주는 공간과 물건들은 완벽한 비율과 균형보다는 그런 것들에서 살짝 벗어나 있는 투박함과 느슨함이며 어쩌면 나와 가장 닮아 있는 것들이다.

오래 입어서 이제는 한 몸같이 편안해진 옷이 좋다. 그런 옷들은 살 때 얼마였는지는 더 이상 중요하지 않다. 아무리 돈을 많이 준다 해도 팔고 싶지 않은, 너무 좋아해서 아껴 입는 옷들, 시간이 지날수록 기분 좋게 몸에 달라붙는 느낌, 부드럽게 착 감기는 낡은 캐시미어 니트나 손때 묻어 얼룩이 멋스러운 말랑말랑한 가죽가방, 공간에도 그런 느낌이 있다. 살면 살수록 점점 더 정이 들고 멋이 나는 공간. 오랜 세월의 흔적을 보여 주듯 진하게 태닝된 삐거덕거리는 마룻바닥과 거뭇거뭇 색이 탄 청동색 문고리 같은 것들은 내가 참 좋아하는 집의 디테일들이다. 시간의 흐름이 만들어 내는 낙엽 색깔 같은 컬러 톤이나 불규칙적인 얼룩과 패턴들엔 그 어떤 인공적인 도구로도 감히 흉내 내어 만들 수 없는 우아한 아름다움이 있다. 차곡차곡 시간의 흔적들이 쌓여서 보여 주는 이런 클래식한 가치들은 아름답고 편안한 공간을 만드는 데 꼭 필요한 구성요소이다.

내가 살고 있는 내 집 취향과 아름다움에 대한 나의 가치 기준을 정하는 일은 언젠가는 꼭 생각해 봐야 하는 문제이며 빠르면 빠를수록 좋다. 앞으로의 더 나은 삶을 위해 지금 살고 있는 곳, 나의 주거 공간을 돌아보고 생각할 시간이 필요하다. 어떤 음식을 좋아하고 어떤 패션을 즐기는지에 대해서는 자기 기준이 까다롭고 표현도 잘하는 사람들이 자기가 살고 있는 집에 대해서는 특별한 기준도, 취향도 없는 경우가 많다. 그동안 별로 관심이 없어서, 아니면 관심은 있는데 잘 모르는 분야라서, 또는 그냥 바빠서 방치하고 살아왔다면 이제는 내 집을 가꾸고 돌보며 집에 대한 내 취향을 알아 가는 작업을 더 늦기 전에 시작해야 하지 않을까. 다른 사람의 취향을 접하는 경험과 관심을 통해 자기만의 기준을 발견하게 되고, 또 그렇게 내공이 쌓이다 보면 언젠가는 변하지 않는 '나만의 기본'이 생기게 될 것이다.

내가 사는 공간이 나를 만든다.